動物たちの心の世界

THROUGH OUR EYES ONLY?

マリアン・S・ドーキンズ
Marian S. Dawkins

長野 敬 他 訳

青土社

動物たちの心の世界　目次

動物たちの心の世界

――ドナルド・グリフィンに捧げる

序

動物たちの心がどうなっているのかという問題が、私には思い出す限りの昔から、ずっと気になっていた。いちばん古い記憶はガチョウ小屋のわきに座りこんで、ガチョウは低空飛行の飛行機を私ほど気にしていないらしいがなぜだろう、明らかに同じものを見上げているのにと思ったことだ。その当時私は、自分がある姿かたちのなかに生まれついて自分個人の経験しかできないこと、人間にせよガチョウにせよ、他の姿のうちに閉じ込められている直接経験から切り離されていることが不思議だった。いまも同じように感じている。

この本は、他の生物が経験するものについて、いま私たちが何を理解しているのか説明しようと試みたものである。意識を説明しよう、また単に描写しようとするときにも常につきまとうあの神秘感が、失われていないように願っている。自分自身の意識経験という現象について多少とも考えた人、他の生物でも意識は可能なのかと思いを馳せたことのあるすべての人に向けて、この本を書いた。動物行動研究で近年重要ないくつかの発見について述べ、人間以外の生物の心の中のできごとに私たちがどのくらい接近できているか、あるいはむしろ接近できていないのかを示したい。生物学のあらゆる神秘のうちでも残された最大の一問題に対して、科学者がどこまで達したのか知りたいと思っている科学者以外の人に、読んでいただきたい。また科学者のうちにも、本書からなにか得るところがあったという人があればいいと思う。動物の身体と行動について非常に多くのことが解明されたといっても、私たちの誰一人として、自分の意識も他の生物の意識も完全には理解できていないのだ。しかし私たちは進歩してきたし、今も進歩は続いている。できる限り多くの人びとに、すでにどこまで進んでいるかを語りたい。

本文中に科学文献の引用をあまり多くすると、科学者以外の読者が減ってしまうおそれもあるので、引用は思いきって最少限にとどめた。科学者以外の人々にこそ関心を持ってもらいたいと考えているからである。ただし巻末にかなり広範囲のリストを設けて、特定の問題をフォローアップするにはどんな本や雑誌が最善かを示し、もっと知りたい、また本書に書いてあることの詳細を読んでみたいという人に応えるようにした。これで、読み易さと同時に、科学書としても一応のものになっていればと思っている。

本書を書くのはとても楽しかったが、時間と手間を割いて初稿を読み、本書を良くするための助言をしてくれた同僚たちから、非常に助けられた。主な方々を挙げれば、ドナルド・グリフィン、オーブリー・マニング、マイケル・ハンセン、デービッド・ウッドグッシュである。私が大きな誤りを犯すのを防いでくれたロバート・セーファースにはとくに感謝したい。マイク・アンフレットには、まさにぴったりの視覚的イメージを描いてもらい、ゲール・スティーヴンスからはタイプの助力を得た。そ出版者マイケル・ロジャーズは、常に素晴らしい才分をもって本書を完成までもってきてくれた。その変わらない支援と熱意に厚くお礼申し上げる。

マリアン・スタンプ・ドーキンズ
オクスフォード、サマーヴィルカレッジにて
一九九二年六月

1 人間の色眼鏡？

アリゲーター

私たちはだれでも、ピンクや黒や褐色の皮膚と呼んでいる被いに包まれて、めいめいの人生を送る。これは尋常ならざる事実である。この皮膚の下の両眼の真うしろのあたりに「私」がある。「私」は唯一のものだ。他の「私」が皮膚の下に共存することはなく、経験を共有することもない。私たちは常にそれぞれ自分の皮膚の内側におり、他の「私」たちについては皮膚の外側からしか知ることができない。

しかし、皮膚が牢獄である必要はない。他人とは切り離されている状態は変えられないとしても、自分が感じていることを誰か他の人が理解してくれる、そしてまた自分の方も他人の感じることを理解し、分かち合うことができるという強い感覚を経験することで、牢獄はうち破られる。私たちは、なにかの仕方によって皮膚に包まれたプライヴァシーをうち破り、他の人々と「ともに感じる」、共感することができる。

この本では、閉じ込め状態からの解放と理解のプロセスを、他の人間に対してだけでなく、少なくともある程度は他の動物に対しても適用できるのではないかという思想をさぐってみたい。他の動物も私たちと同じく意識経験を持つのだろうか。持つとしたらそれはどんなものか。思考や感情はあるのか。動物は自分をとりまく世界を自覚しているのだろうか。

これらの疑問はただ難問であるばかりでなく、私たちにあらゆる才覚と科学知識を要求する。そもそも現在の科学の状況を超えた問いだという人もいるだろう。しかし不可能と思ったのなら、私はこの本を書きはしなかっただろう。ただし人間以外の動物に意識経験の存在を証明することがいかに難しいか、もし存在するとして、それがどんなものであるかを知るには、いま手持ちの断片的な証拠をどれほど慎重に評価する必要があるかは、私も重々認めざるをえない。それゆえ私は、タイプがまるで違う二つの読者グループのどちらにも、動物の意識研究は価値があり研究可能と納得して貰うつもりで本書を書いた。

まず第一のグループの人々はさまざまな理由から、人間以外のどんな動物にも意識経験などないと考えている。このタイプの読者としては、動物に感情や思考や情緒があるという「証拠」がないというので、それがあるかもしれないという可能性をまじめにとろうとしない科学者も含まれる。むろん全員がそうではないが。これらの人たちは、まるで人間の回りに輪を描いて、この輪の中に自分と、仲間である人間たちだけを置いているかのようである。輪の外に動物界の残り全員を追いやり、動物たちも複雑な行動を持つことや、外見がときには人間と驚くほど似ていることは認めても、皮膚の中に「私」があることは断じて信じない。もしあなたもこのような懐疑主義者であるか、またはこの考えの反映を自分の中に認めるようであったら、いまや逆の証拠が優勢なことを知ってもらいたいと思う。現在、特に動物行動の研究から挙がっている証拠からすれば、他の動物に意識経験がないと考えるよりは、あると考える方がより単純であり妥当性がある。

もう一つのグループに属する読者には、これと正反対の見解を持つようになって貰いたい。多くの人たちにとっては、他の動物に意識がないというのが馬鹿げたことだろう。少なくとも猿や犬や猫は十分に意識があり、その他の動物もおそらくそうだと信じているだろう。実際のところ、すでに確信していることを確認するために、いまさら本を読む必要はないといわれるだろう。こちらの見解を持つ読者に対しても、私としては、それでもとにかく本書を読んでもらいたい。そして矛盾して聞こえるかもしれないが、いま確信している内容に対して、あらためて疑いをもって貰いたい。なぜなら、他の動物が意識経験を持つ可能性を私は論じようとしているのだが、一方でこうも言いたいのだ。他の生物の経験がどんなものか、またそれが本当に存在するかどうかを知ることだけでも実に難しい。他の動物が毛皮や羽毛や鱗に覆われているという違いを除けば、私たち人間とそっくりであると仮定することは、動物には私たちと全然違って意識がないと考えるのと同じだけ根拠のないことで、誤りに導くものであることが判明するだろう。

ゆえに私は二重の悪魔の弁論（あら探し）によって、懐疑家には肯定論を説き、すでに確信している人には考え直しを促すことになる。なにも、議論のための議論をして重箱の隅を突つこうというのではない。とりあげる課題が複雑きわまるものであることから、このように試みたらと思うにすぎない。動物に意識があるかどうかを決める途上に、大きな障害が立ちふさがっていることは否定できない。障害はある点では克服できるが、人間以外の動物に意識がある証拠とされているものの受け入れには、よほど注意深くなければならない。なぜなら証拠とされているもののうちには、一見そう見えるほど良い証拠でないものもあるのだ。それで、一つの見解に肩入れしたと思ったらたちまち身を翻してその欠点をあげつらうという、舞踊かゲームみたいなことをやっているように見える。しかしこれは、証拠を取り上げ、分類し、吟味して、よい証拠でなければ棄てて、最後に証拠の数は減っても、より厳密な基礎をもつ事実の山だけが残るようにする手順の一部である。十分な精査に耐えられるものだけ残す、つまり地球の歴史始まって以来ただ一つの種〔人間〕だけが内側に意識ある生命を感じ、経験してきたと考える人たちには、焦立ちのたねとなる目障りな事実だが、そうしたものだけが残るようにしたい。

なぜならこの内なる生命、皮膚の内側で「自己」であるという当惑させるが否応のない感覚を、人間だけでなく、この本の関心の中心である他の動物たちも共有しているだろうというのは、可能性の問題だからである。このような表現の仕方をすると、私たちが行く手で出会うはずの多くの障害の一つが、はっきり見えてくる。つまり話題とするものの定義を、まず最初にはっきりさせねばならない。意識という単語の定義に問題が多いのは、現象自体が分かりにくく、掴みどころがないことに加えて、私たちがこの一語をあまりに多くのことを表わすのに用いているせいである。私たちは背中の痛みや窓を横切って飛ぶ鳥を「意識して知覚する（気づく）」――それは瞬間的な感覚だが、同時にまた一連の無意識のプロセスの結果でもある。私たちの目は対象の動き、色、およその大きさをとらえる。まったく無意識に、私たちの視覚経路はこれを「ハト」だと解釈し、それが最後にやっと意識にのぼってくる。また私たちは何か実際に起こったことが特に引き金にならなくても、イメージや記憶を意識することができる。ある人を長い間忘れていて、突然意識のうちにイメージを蘇らせることもできる。そのイメージはずっと、なにか無意識の状態に貯蔵されていたに違いない。私たちは意識で問題を考え、望む結果を達成するには何をすればいいか、行動を起こす前に頭の中で実行することができる。私たちは十分意識的な思考でその問題を取り扱い、どうするか決める準備ができるまで「考えるのをやめて」、無意識の容れ物に入れておくこともあるだろう。また、ある問題に対してはっきりした見解を信じて、人から聞かれれば意見を言ったり、意識的に考えたりするにしても、朝食に何を食べるか、近づいて来る車をどう避けるかという、さしあたりの課題に意識が取り組んでいる間は、それを事実上眠らせておくこともある。

私たちが意識とは何かと考えたり、他の人々が「青い」という単語を使って自分と同じことを意味しているかどうか考えたりするさい、私たちの意識経験は当然、より高い水準に到達している。そのようなとき私たちはただ世界を自覚しているのでなく、世界の中の自分の位置も自覚しているのだ。私たちは、世界の残りの部分とは切り離されているが必要に応じては世界に働きかけ、世界を変えることもできる自己というものの感覚をもっている。私たちは自己の自覚があり、これが多くの人々にとって人間の意識の不可欠な部分である。

「意識的である」ということがあまりにも多様な意味をもつので、単純明快な定義は難しい。実際、定義を見つけようとすべきでさえないのかもしれない。なぜなら意識の状態には明らかに多様性があり、単純な定義はかえって誤りを生む可能性があるのだ。そこで私としては意識というのを、いま述べてきたどれかの意味あるいはそのすべての意味で、現在只今の事柄に気づくという意味に使うことにするが、しかしなおも意識はさまざまな形をとるものであり、その本質はいまだ深い謎に包まれていることを強調したい。この状態から先に踏み出すのは、アメリカの哲学者ダニエル・デネットが愉快にも「初定義とのつらい別れ（heartbreak of premature definition）」と名づけた危険を冒すことになるのだろう。少しばかり知ったが、すっかりは分かっていない。定義のヒントは出せるが、完全な定義は与えられない。なぜなら私たち誰もが、意識して気づいているというのがどんなことか知っており、そして知っているものを言葉にできないからである。ちょうど注意力のスポットライトが空の舞台の上を行き交い、そこに立っている姿を照らし出したようなものだ。スポットライトが通ると舞台は暗闇から光の中に浮かび上がり、はっきりしなかったものが理解できるようになり、隠れていたものが急に見えてくる。

私たちがこれから話そうとしているのは、まさに誰もそれぞれの現象としては知っていながら、どんな単純な方法でも定義することのできないこの現象なのである。そこで私たちに関係してくる問題は、少なくともある尺度では、他の動物にもこの現象が知られているかどうかである。これは決定的に重要な点である。なぜなら他の動物にも意識があると考えることにすれば、それは私たちの行動に大いに影響し、動物への処遇として道義的に受け入れられるものの考えも、完全に変えられるかもしれないからだ。動物を食べること、動物に実験を施すこと、人間に不都合なことをするという理由で殺したりすることが、全く新しい光の下に見られるようになってくるかもしれない。煎じつめれば、他の人々も意識をもつ存在だという絶対的な証明はけっして得ることができないが、それでもそうであると信じていることが、他者に対する私たち大部分の行動を導くものとなっている。自分のとる行動が、もし他の意識ある人間に「苦しみ」とか「幸福」とか「悲しみ」と呼ばれる状態を引き起こさないと考えたら、倫理はどこに行ってしまうだろうか。換言すれば、他の人々も私たちと同じような経験を持つと仮定していることが、何が「正しく」て何が「悪い」かという私たちの考えの基礎となっている。岩や高価なヴァイオリンのような動かない物体を破損することでも、それらは固有の価値を持っているから間違っていると考えることができる。しかし、もし破壊の対象が人間であり、破壊行為が意識をもつ身体に苦痛を引き起こすものであったら、はるかにひどく間違っていることになる。岩やヴァイオリンはいかに美しくても感情を持っておらず、人間はたとえどんなに醜くても感情を持っている。

つまり人間以外の動物が意識経験を持っているかどうかの問題が重要である一つの理由は、もしも持っているならば、多くの人々が人間の回りだけに描いている囲いの輪に他の動物たちもひき入れざるを得なくなるからである。動物を人間の輪に加えるか加えないかの基準は、人によって違うだろう。ある人にとっては動物が痛みを感じるというだけで、動物に対するある種の道義的関心を払うに十分だと考えるかもしれないし、これより狭い基準を設けて、痛みを感じられるだけでは駄目で、痛みとその原因を意識する能力がなければならないと考える人もいるだろう。あるいは動物に知能があって、思考ができる場合にしか認めない人もいるだろう。また動物にも、人間と同じ意味で意識があるという証拠がなければならないという人もいるだろう。しかし、人によって道徳についての考えがいかに多様であり、不承不承に人間以外の動物までそれを広げる程度がいかに違うとしても、結局は「心」として受け取られているものの一面、たとえば動物が考えたり感じたりできるのかできないのか、自分のしていることを自覚するかしないかなどの側面に考えは集中してくるということが、問題の核心である。そこで大部分の人にとっては、他の動物のとり扱いを決めるのに、他の生物の経験がどんなものか、どの程度のものかを知ることが求められる。他の動物には意識はないと決めてしまえば、いままで通り食事に肉を食べたり害虫を駆除したり、つまり動物に意識があるとした場合には避けて通れないはずの道徳的問題に悩まされることなしに、やっていけるだろう。いずれにしても、私たちはきちんと知る方がいいだろう。

動物の経験を知ることの重要性には、道義心や動物の処遇とはまた別の理由もある。それはそもそもなぜ生物学を学ぶのかという動機から生じてくる。生命の多様性と、地球に住むすべての生物がどのように進化してきたかを理解したいために、人々は動植物について学ぶ。どのように生物体が機能し生殖し、単一の細胞がどうやって機能の完成した成体まで発育をとげていくのか、理解したいからである。そして生物学でまだ宿題となっているすべての疑問のうちでも、もっとも深く神秘的なのが意識の問題である。この意識という内面生活にはなぜ他の誰も接近できないのに、私たち自身にとってなぜかくも重要なのか。なぜ、そしてどのようにそれは進化したのか。

科学者もそれ以外の人たちと同様に、これらの疑問に神秘をおぼえているが、おいおい述べるように、考えの試案は二、三唱えられはじめているものの、意識は生物学者にとっても依然手に負えない厄介な問題である。意識の問題は、生物学者が通常扱う進化論の枠組みにうまく合いそうに見えないので厄介なのである。彼らは居心地の悪さを感じ、臆病になるあまり科学の問題と認めないことさえある。意識はそもそも科学の問題ではないとして否定し、それは科学的に研究できないから、科学理論にとって問題を課するものではないと言ったりする。しかし意識は一つの問題であるどころか、生物学の礎石の一つであるダーウィンの自然選択説にとっての問題である。

たいていの人が知っているように、ダーウィンの理論によれば、今日私たちが目にする動植物は「サクセス・ストーリー」、つまり天災や捕食者などによるさまざまな破壊要因を切り抜けてきた生存者である。格別に手際のいい補食者は、保護の度合が少ない同時代の動植物を絶滅させてしまった。成功した生物は優れた免疫系、背景にとけ込んで見えなくなる保護色の皮膚などの遺伝的な保護をもっていたから、それらに恵まれなかったものがすっかり死に絶えても、生き残ることができた。生き延びた彼らは成功の鍵を子孫に伝えた。育った子孫もまた同様に、両親にたいへんよく役立ってくれた身体と行動から利益を得ながら成長した。この考えはダーウィンが一三〇年以上前に提唱して以来、いまなお大なり小なり受け入れられており、幅広い多様な現象の説明にたいへんよく役立った。しかし意識は例外のようである。ダーウィン正統学説を頑固に拒む、主たる厄介な問題であった。なぜ自然選択は、意識のない生物よりもある生物の方を有利としたのか。ダーウィンの理論によれば、意識のある動物の方が意識のない生物よりも生き長らえ、生殖する上で優れているからでなければならない。しかし何らかの行動を取るときに、意識はどのように有利に働くのか。いままで言われてきた意識のそれぞれ単一の「機能」なるものは、無意識の生物とか、複雑な仕方で動くようにプログラムされた機械によっても行なわせることができる（ようにみえる）。たとえば苦痛な状況や実際の痛みの感じ（傷害）を避けるのに意識が関与すると考えられるなら、どうして意識のない動物や機械でも同じように、過去に自分に損傷をもたらした状況を避ける学習ができないことがあるだろうか。痛みの意識された経験そのものは厳密には不必要で、規則を学習することと、身体への損傷を検出することができればそれでいい。

この区別は、以後の内容にとってきわめて重要である。動物が損傷から逃れ危害を免れる方法を持つことが、動物にとって有利であることに疑問を挿しはさむ人はいないだろう。しかし動物がそうする上で、なぜ意識が必要なのだろうか。私たちは結局のところ、かなりのことを無意識に行なっている。たとえば何かのものがぶつかりそうに近づいてきたら、危険を意識する前に目をつぶっている。指をやけどするかもしれないと判断する前に、熱いストーブから手をひっこめている。つまり身体への損傷を避けるのに有効なメカニズムはすでに作用しているのだ。意識的経験はこれに何を加えるのだろうか。痛みはなぜ痛い必要があるのか。私たちの身体は、意識に不快というものを感じなくても、すべて機械のような一連のルールによって、損傷を避け損傷を制限する仕事を片づけてしまえないのだろうか。

言い換えるならば、まだ問題が残っているということだ。動物が危険に反応したり未来を予測する行動の速度とか効率に関して、検出可能ななんらかの差がない限りは、自然選択が意識のある動物を意識のない動物よりも有利にすることはできなかったはずだ。ダーウィンの自然選択理論にとって難題となりそうな問題がここにある。どんな差異があるのか私たちには分からないし、ある人に言わせると、もし差があったとしても検出はできないだろうという。もしも意識のない動物とある動物に、ある行動をこなす巧みさについて何も差がないならば、意識は自然選択によって進化してこなかったはずだ。自然選択は、生存効率に差異があってこそ機能するからである。それゆえ一つには、意識の心的経験は自然選択で進化してこなかったもので、動物生命の他のすべての側面とは異なっているのかもしれないが、これはダーウィニズムの普遍性の信者の足をすくませ、著しい不快感を覚えさせる結論である。あるいはまた一つは、意識は自然選択で進化したもので、確かに動物に何かの差異を与えているのだが、どんな差異かほとんど見当がつかないということで、これまた同様に不快感を覚えさせる状態に置かれることになる。

この第二の見解、つまり意識はそれをもつ生物に機能上の差異を与えるという立場については後で論じるが、この方がはるかにありそうなことで、そうすればダーウィニズムへの脅威は現実のものでなく、見かけにすぎなくなる。またこのことから、意識は他の現象と非常に異なっているけれども、他の生物現象と同様に科学的な方法によって研究し、考えることができるはずだし、そうあらねばならないことも論じるつもりである。しかし、意識があまりに独自であり神秘的なので科学の手の届かないところにあると見るか、またはいまのところ不可解な現象でもいつかは科学で扱えるものと見るか、いずれにしても意識があるということは私たちの意識的な心で熟考できる最大の問題の一つである。現在のところ、誰にも分かっていない。人間以外の生物に何かの形で意識が存在するかもしれない可能性を検討することは、生物学全体のうちで最も深い神秘の一つを摑もうとすることである。私たちだけが意識経験をもつ唯一の種であるように見えるなら、他の生物が大なり小なり同様な、内的な個的生命の動きをもっと結論した場合とは全く違う見方で、この神秘を眺めることになろう。意識が私たち人間だけの特権であるのか、あるいは他の動物もいくらか共有しているものであるのかを発見することで、私たち自身、また人間という種の唯一性に対する視点全体が変わることもありうるだろう。

人間以外の生物の経験が私たちにとって重要であるというのには、二つの非常に強力な理由がある。他の生物に意識があるならば、他の生物の扱い方についての私たちの見解は変わってしまうかもしれない。私たち自身の意識の進化の考えも変わるかもしれない。これほど重要な問題にこれほど深く関係する課題は、なかなか思い浮かばない。不幸にして、こんなに研究が難しく手に負えないものも思いつかない。この扱いにくさは、本質的に個的であるという性質からきている。あなたが頭痛がするというとき、私はあなたの言葉を聞き、あなたのやつれた顔を見ることができる。私が適切な道具でも持っていたら、どの辺が悪いのか、圧迫がどこで起きているのか、あなたの頭の状態をいろいろ調べることもできる。しかし頭痛がするということは、他の人間に検出できる症状があるというだけではない。頭痛がするということは、痛みを感じ、意識的に自覚していることである。あなたが頭の中でだけ経験している個的な部分がその重要な部分を占めており、それは私には接近することのできない部分である。あなたは頭痛というひどい目にあっているといっても、それは私自身が頭痛のとき経験したものとは、まるで別のものなのかもしれない。道具を取り出してあなたを詳細に診察して、私自身頭痛がするときと同じ生理症状があれば、あなたが演技力のある俳優だという可能性は排除できるだろうが、それでも自分が頭痛で苦しんだときと、あなたの痛みが同じかどうかは私には分からないし、あなたが何を意識で感じているのかも全然確かめようがない。この理由から、多くの人が意識の研究はまったく不可能だと主張している。私たちは皮膚の内側での自分の経験は分かるけれど、他の身体の中での経験について知ることは厳格に制限されている。従って他の動物の意識を研究しようとしても必ず失敗の運命にあるように見えてしまうのだ。

しかし一見克服できそうにないこの論理にも、抜け道がある。これは私たちが日ごろ他人とのやりとりに使っているものだが、他の動物に対しても使える可能性がある。他人の経験は本当のところは絶対に分からない状態であるにもかかわらず、私たちは誰も、あたかも完全に分かっているかのように日常を送っている。赤ん坊をあやす。広告コピーを書いたり、怒っている人をなだめる言葉を言う。あらゆる方法で、他者の内的世界に存在すると考えられるものに接近できると仮定しており、さらに驚くべきことに、その仮定は正しいように見えるのだ。子供は泣き止み、立腹した仲間が怒りを静めて謝る。論理をものともせず、他人の経験しているものが分かるかのように振る舞うと、私たちはしばしば状況を制御することができるし、他者が次にどう行動するかを予測することができる。このことは、他者の経験についての私たちの評価は、実際のところかなり正確であることを示している。

私たちは二つのプロセスを結びつけることによって、何とかこれを達成する。まず私たち自身の経験から、他人が少なくともどこかは私たちと似ていると仮定する。しかし私たちはそれ以上に踏み込んで、自分が置かれているのと大いに異なるかもしれない相手の置かれた特別な状況を考慮する。たとえばあなたが、車に猫をひき殺されてしまった老人に出会ったとする。今は議論のため、あなたは猫嫌いで自分では一匹も飼っていないとしよう。ゆえに猫に対するあなた自身の直接の経験と感情は、あまり役に立たないだろう。老人は猫嫌いのあなたと違って、いま猫を失ったところである。大家族とともに多忙な毎日を送っているあなたとは違って、彼はいま猫を失った。自分の死もそう遠いことではなく、近くに身寄りもなく、唯一一緒に暮らしていた猫に死なれてしまったのだ。このことを理解すれば、あなたとは非常に異なる人生を送っている人を「理解」するために、あなたは自分の喪失感覚、つまり猫を失うという喪失感ではなく、何かあなたにとって影響のあるものを失った場合の喪失感を用いることができるだろう。確かにあなたは、やはり自分の経験を利用しているのではある——実際、理解を達成しようとすれば、自分の経験を用いずに済ますことはできない。しかしそれは、彼のことと彼が送ってきた人生についてあなたが知ったことで導かれ、修飾された経験である。あなたが他の状況で知っている悲しみと苦痛を、彼も内的な意識において味わっていることを、あなたは仮定する。

もちろん、死んだ猫と一緒にいる老人は、もし多くを語りたがらない無口で禁欲的な人であったとしても、まったく別の生物よりは理解しやすい。彼の顔つき、動作、声の調子が、彼がどんなふうであるかを十分語ってくれるだろう。背景も状況も違うとしても、彼は同じ人間の姿と声と表情をもっており、それが私たちとよく似ているので私たちに訴えかけるからである。

しかし基本的には、私たちが他の人を相手としてうまく使えることが明らかなこの二つのプロセスは、他種の動物に対しても使えるはずである。他の人の中に入ろうとするのは「同じだが違う」世界の扉を叩くことだが、相手が他の生物の場合は「同じでなく、さらに違う」世界の扉を叩くことになる。しかしどちらの世界に入る手段も、同じ論理を持つはずだ。そこでまず、他者が私たちと似ているがゆえにその意識の個的な本質に入り込むことができ、その経験を知り得るのだと私たちに感じさせる類似性のことを考察してみよう。私たちは哲学者が「類推による主張」と呼んでいるものを用いて他者の経験を知る。これは、私たちが自己の経験との類似から飛躍することによって、他者の意識経験の本質を推定することを意味している。観察可能な点（姿かたち、頭脳を持っていること、似た顔つき）で、他者が私たちと似ているがゆえに、厳密には観察不可能な点でも、特に意識経験を持っているという点でも、彼らが私たちと似ているだろうと仮定する。

他の動物に向かう場合、相手生物が類推による証明あるいはその修正版が使えるほど、私たちと似ているかどうかを決めることが問題になる。他人が自分と違うという場合よりもはるかに違っていそうな他生物の経験の世界に、私たちは入り込めるだろうか。この本の主たるテーマの一つは、多くの人が認めるよりはるかに類似性は大きく、見た目が違うとか、裸の皮膚でなく鱗や羽毛に覆われているなどの表面的な違いは、その奥底にある類似性に比べれば、はるかに重要度は低くなるはずだ。皮膚の違いを越え、その動物が海に棲むか空を飛ぶかということを越えて動物自身の世界を見るならば、最初ははっきり分からなかった類似性に気づくだろう。たとえばある動物は、私たちには理解できない音のシステムを通して社会的な相互作用の多くを行なっているが、それが理解できないことはさておいて、その音声は同種の仲間について何を告げているのか、その動物は仲間たちが次に何をすると見通しているらしいかという点に考えを集中してみると、それまで見えなかった類似性が、ここでも見えてくるだろう。動物が何かを学び、自分の環境の作用を非常に高いレベルで理解していることを示す方法は、話すこと以外にもあるのだと認めるならば、私たちはここで立ち止まって考えるべきだろう。私たちは、他の人間が自分に「似ている」のと同様ないくつかの点で、一方《ひとかた》ならず私たちに「似ている」存在に対面しているのだから。他人がいだく意識経験の個的な本質という砦を突破するのに、類推による主張を用いたからには、他の生物にも門は開かれている。特に彼らの行動とその自然の生活の複雑さをもっとよく知れば、さらに隔たった世界のドアも開き始めるだろう。

しかし、他の動物の経験について学ぶ方法が見えはじめたからといって、人間に対してはかなりよく使える直感を使って、それだけで動物について全部自動的に分かるものではない。他の人間の場合でも、相手を理解しようとするには、第二のプロセスがある――つまり相手と自分の間にある生活様式や境遇の違いを考慮に入れねばならない。他の人と自分は基本的にはよく似ているので、幸先のよいスタートを切ることができるが、他の動物が相手だとそうもいかない。似ていない相手ほど、それを知るのに苦労が要る。たとえば何を食べるか、日中または夜間はどこにいるかなど、その動物について明らかなことばかりでなく、その動物の一生がどんなものであるか知らねばならない。たとえば捕食者からの攻撃という脅威がいつも存在する世界に住んでいて、危険がないかどうか見回すため、たえず活動を停止しなければならないのだろうか。社会的動物であって、常に同種の他のメンバーと共にいるのだろうか、または一生ほとんど群居せずに過ごすのだろうか。食物を探すのに他者に依存しているだろうか。疑問は無数にあり、私たちと彼らの間の類似性とともに違いも正確に見積ることができるように、彼らの背景をかなりよく調べなければならない。さもないと、前述の老人が、猫がいなくなって世話をする必要もなくなったから、ほっとしているはずだと考えてしまうような誤りを犯しかねない。こんな時には、種という障壁を越えようとすると、私たちの誤りはずっと深刻なものになるおそれがある。

他人を真に理解することは、その人の視野からものを見、何が起こったのかを見つける労を惜しまないことによって、はじめて実現する。同様に、他の生物を理解するはるかにむずかしい仕事は、その生物が私たちとすっかり同じであると考えたくなる誘惑を抑えるために、その生物の生物学と生活様式の事実について知り得るすべてを用いて、同じ労を厭わずに行なってはじめて可能になる。他の生物を人間とそのまま同じように見る「擬人化」は、人間と動物の類似をまったく認めないのと同じくらいに誤りである。他人を理解する場合のやり方にしばし戻ってみよう。あなたが自分の身に起こったことをごく簡単にしか語らなかった時に、誰かから「あなたの気持ちよく分かる」などと言われたら、相手が本当は全然理解などしていなくて、ただ自分の経験を投影しているだけではないかと疑うだろう。だがもし相手が、ある一連の状況であなたがどのように反応してきたかを知ろうとし、あなた自身の口から話をさせるように務めたならば、相手はあなたの精神状態をかなりよく洞察してくれたと感じ始めるかもしれない。他の動物の場合には、犬やマングースやオウムなどがものを見る視点について知ろうと努力もせずに、彼らが経験しているかもしれないことを完全に理解できたと思い込んだら、これはさらに間違いに陥りやすいだろう。犬が人間ではないのは、サルがサケでなくトゲウオがトナカイでないのと同じである。他の動物の経験など分かっているからいまさら研究するまでもないと思っている読者に、少々注意してほしいと前に言ったのはこの理由からである。私たちの誰ひとりとして、こんな難しい問題のすべてを知ることはできないし、人間の世界観だけが唯一のものではないのだと認めるには謙譲の美徳が必要である。人間の物差しだけに固執して見ていたら絶対に理解できないまったく別の経験を、他の動物は持っているかもしれない。他の動物の意識経験がどのようなものかという発見に対して、本当にこだわらない態度でいるために、人間の意識経験だけが唯一究極の経験の仕方であるというような狭量な擬人主義を捨て、意識の完全に新しい領域を発見するという、はるかに興奮を呼ぶ展望に対して率直にならなければならない。

この本の第2章以降では、他の動物の意識的経験がどんなものであるかについて、私たちがいま手に入れている証拠を扱う。一連の段階を経てきたものとして、各段階がそれ以前のものの上に築かれたこと、動物行動における近年の発見がそれぞれに用いられていることを書いた。人間以外の動物は多くの人々の想像以上にあらゆる点ではるかに賢く、「私たちと似て」いる。その中の多くの点は、動物が自分の行動を意識しているかどうかという問題に直接関わっている。

しかしこれらの証拠を見ていく前に、まず最初に片づけておくべき問題が一つある。人間と人間以外の動物の類似を論ずるさい、ある人々にとっては打ち勝ち難い障壁を作っているものとして、明らかに動物が「私たちと似て」いない点がある。動物と私たちとの障壁、越えることのできない溝、それは言語である。

いろいろな人々と一緒に動物の意識の問題を取り上げて、私は非常にさまざまな意見に出会った。なかでもよく出会うのは、人間以外の動物は私たちが理解できる言語を持っていないので、仮に動物が非常に多くの経験をしていても、それを私たちに伝える手段がないという意見である。この見方でもう少し極端な意見になると、言語がないところに思考はないというのもある。従って言語がないということから、動物が意識していることを私たちに伝えるのが不可能であるばかりでなく、動物が意識すること自体が不可能と考えられているのだ。

相手が人間である場合、彼らの内的な世界について調べるのに言語が極度に重要な方法であることは否めない。言語を用いて、その人がどのように感じている可能性があるか調べ、しかる後に彼らが私たちに語ってくれる内容と照らして、私たちの第一印象を精密にしたり、修正したりする。従ってこのチャンネルが開かれていないということは、人間以外の生物を理解するのに大きな障害であるように見える。しかし幸いなことに、言語は有用ではあるが不可欠ではない。私たちはしゃべれない赤ん坊を理解できるし、飢餓に苦しんでいる人々が私たちの知らない言葉を使っていても、彼らを理解するのに言葉は要らない。人間の言語がいかに比類ないものであるかについて、私たちは高い精神性を論じ、言語が私たちと他の動物とを分けている分岐点だとしている。それにもかかわらず、私たちは言葉を無視して、人々のふるまいや表情の変化などを捕らえる方を選ぶこともしばしばである。「行動は口以上にものを言い」というわけだ。あるいはまた「金にものを言わせる」とも言うように、人の言葉よりも行動に私たちは重きを置くのである。言葉以外にも他の人々が経験していることを知る手段を私たちは持っており、後述するように、同じ手段を人間以外の生物に応用することもできる。換言すれば、言葉がないのは多少のハンディであり、越えられない障害とされることもあるが、そうではないのだ。言語がない状態においては、私たちはもう少し巧妙に取り組む必要はある。しかしけっして諦めてしまうことはない。

動物が意識的な経験をする可能性という、重要ではあるが捉えどころのないテーマにアプローチするためには、私たち人間を独自で特殊な存在にしている差異の方はいまは論じないで、共通する特徴の方に集中すべきである。そのような特徴を見ていけば、他の動物にも意識があるという結論に達するかもしれない——あくまで、かもしれないのだが。このことは、類推による主張（他の人々の意識を推測するために使っている）を他の動物に対しても安心して使えるほど、他の動物は人間に似ているのだろうかという中心問題に立ち返ることを意味する。すでに見てきたように、類推による主張をある程度修正を加えて使わねばなるまい。動物が表面上まるで私たちに似ているようには見えなかったり、生活様式が全然違っていたり、また彼らが持っているかもしれない意識経験が私たちの知るどんなものとも完全にかけ離れたものである可能性も考慮に入れて、手直しが必要である。

しかし、動物が私たちに十分似ているということが、見た目に似ているとか人間の習慣や言葉を持っているという意味ではないとしたら、どういうことになるのだろうか。意識をもつには必ずしも人間の顔を持っていたり、人間の声でしゃべったり、人間の目で見たりするものである必要はないとしたら、どんな身体の中に意識を探すべきだろうか。意識を見つけたら、私たちはそれをどのように認識するのだろうか。

2 ミス・ハルシーは足をよける

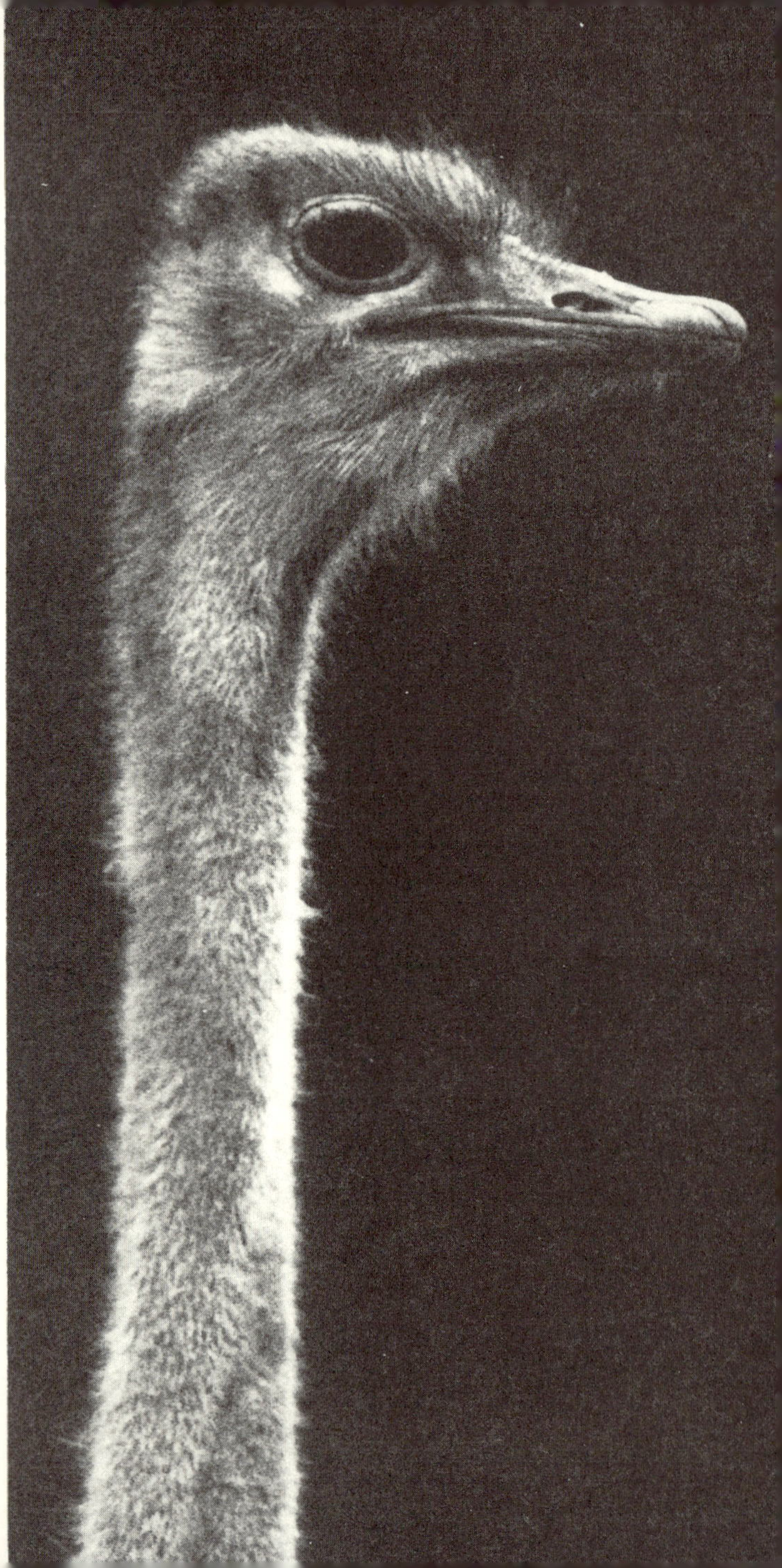

ダチョウ

もし虫が口をきいて、「もしもし、ミス・ハルシー、ここを避けてくれませんか？　さもないと踏みつぶされちゃうんです。」と言ったら、あなたは少しばかり足をよけてやるんじゃないですか？

フレッド・ホイル『暗黒星雲』

いまもし地球に突如、緑色の大粘菌のような一団の生物が侵入して私たちを支配し、私たちの機械をうち負かすためにその明らかに優れた科学技術力を駆使し、私たちの言語で話しかけ、あらわな関心をもって私たちを扱うという状況をちょっと想像してみよう。もちろん私たちは、自分たちがどうやって生きていくかということに加えて、緑色の生物をどのように扱うかという重要問題に直面するだろう。私たちは怒り、また恐れるだろうが、混乱のうちにも考える時間を見いだせるならば、人間とまるで違う外見や、食事も排泄もしないという戸惑わせる習慣にもかかわらず、私たちと共通した点もいくつかあることを認めるかもしれない。もし、彼らが犯罪者を裁く法廷のようなものをもっていたり、さらにそののっぺらぼう型の子供を愛情こめて世話することも分かってくれれば、緑色の粘菌生物を間違っても「私たちのように」などと言わなかった根深い偏見を捨てて、結局彼らもその不定形で丸まった緑色の皮膚の下に意識的経験を秘めているだろうという可能性さえ、考えるようになるのではあるまいか?

もちろん彼らのしていることは全部、意識状態を伴わない単なる「形だけのしぐさ」かもしれない。たとえば保護のしぐさに本来伴っている親らしい感情があるのでもないし、自分がやっていることを意識して考えているのではなく、ひたすら動作しているだけという可能性もある。だが彼らの行動がかなり複雑ならば、行動の背後に心のはたらき——思考、感覚、感情や知力、つまり少なくとも何かの意味で私たちのものに似た個人的経験を伴ったものがあるらしいと、どうしても結論したくなる。

つまり、まるで違って見える生物にも意識があるのかもしれないと再考させる最初の規準の一つとして、行動の複雑さがある。これは、すべての複雑な行動が意識を含んでいるという意味ではないが、行動の複雑さと情況の変化に対応する能力は、意識的な知性の顕著な特徴である。むろんミサイルや自動車組立て工場の精密な制御コンピュータからしばしば連想されるように、意識がなくとも複雑さは達成される。しかし生物はたんに一連の既定ルーチンに従っているのでなく、行く手に現われた障害を克服するように行動を適応させることができる。このことを見いだすにつれてますます、生物は意識ある考えを通してこれを達成しているだろうということが、さらにもっともらしく思われてくる。私たちのしていることと彼らのしていることの間に類似を見つけるにつれてますますそれだけ、こうした複雑さを達成するための意識的経験を持つということにおいて彼らが「私たちに似て」いるという推論が、もっともらしくなる。もし例の架空の緑色のぶよぶよ存在についてさえこの可能性を認めることができるとするならば、周辺いたるところにいて共通の進化の遺産を分けあい、同じ種類の細胞からなる神経系統をもつ動物たちについて同じように認めるのは、さらに当然のことだろう。してみると、他の生物種に意識があるかという探求の第一歩は、彼らの行動について現在私たちは何を知っているか、そしてそうした動物行動が、思考も感情もない自動機械の仕事であり、なんの心のきざしもなく一連の動作を単に行なっているだけなのか、あるいは彼らの行動は相当に複雑で予測しがたいので、ある意識の火花がそこに閃いている可能性はないのか——ごくかすかな可能性ではあっても考えられないかということだろう。

多くの人々が動物行動を見るときの一つのつまずきの石は、それらを賢く複雑なものとは正反対のものとして見ることである。実際こうした人々は、動物を基本的に愚かなものと見ている。鏡に映った自分の影に闘いを挑む鳥のような例を彼らは挙げて、そこに本当の敵がいないことをけっして理解しないだろうから、これは鳥が全然知的でないことを示しているという。または、横になって休む前にカーペットの上をぐるぐる何度も回る犬を取り上げて、これも愚かであるという。なぜなら、自分が平らにしようとしている芝草などそこに実在していないことに、犬は気づいていないからである。ここで人々が言いたいのは、人間ならそんな思慮のない、分別のない行動はとらないはずだということである。そういう人たちは、男性が女性の写真とか模型に対して、まるでモデル自身がそこにいるかのように性的に反応するという例などは都合よく棚上げして忘れている。人間だけが自分の行動について考える力を持ち、過ちから学び取り、どのように振る舞うかを選ぶが、他の動物はそのようにしないということを、私は有名な哲学者からはっきり言われたことがある。彼女によれば、人間以外のものは本能により支配され、本能の命ずることに盲目的に従う。

なるほど動物が示す行動のうちには、本能的もしくは「生得の」(「学習によらない」とするのが、もっとも有用で議論のない定義だろう)というべきものもあり、そのために時々動物は環境から限られた特徴だけを取り上げて、それが本物であるかのように一見愚かしい反応をすることがある。動物行動の研究で先駆者のひとりだったニコ・ティンバーゲン(Niko Tinbergen)は、ライデン大学の研究室で飼っていた何匹かのトゲウオが、あるとき水槽を置いてある窓の外を赤い郵便車が通るのを見て、ひどく攻撃的になったという有名な話をよくしていた。トゲウオは、繁殖期に雄の脇腹が明るい赤色を帯びる小魚である。通り過ぎる車は同種の雄のライヴァルとごくわずかな類似を示しただけだが、その赤い色は本物の魚に対して通常とる行動——すなわちそれと闘い、なわばりから追い出そうとする行動——へと、トゲウオを駆り立てるのに十分であった。

しかし、動物が単純な方法で行動して自分の間違いに気づいていないという、風変わりでおもしろい例を二、三挙げることができたからといって、彼らの生活のすべてが周囲の世界に対する盲目的、先天的な反応からなっていることを意味しているわけではない。その反対に、動物の行動について学ぶほど、そのような愚かで単純な反応は例外であり、動物が環境に対してはるかに複雑に評価している場合こそ通例らしいと考えさせられる。実際には、動物がそれを調査している人間より数段先に進んでいることを示す事例がたくさんある。サヴァンナモンキーの鳴き声(vervet grunt)ほどこれをよく表わしている例はないだろう。

サヴァンナモンキーは小さく、細身のサルで、顔が黒く、長くて美しい尾を背中で弓形にしている。らくらくと木に登るが、食物を探すため多くの時間を地上で過ごす。彼らはとりわけ社会的な動物であり、つねに同じ小さなグループで過ごし、グルーミングをしあい、一緒に食べ、迫ってくる危険を警告しあう。コミュニケーションの方法はたいへん複雑であり、捕食者ごとに異なる三種類の警告音を持っている。「ヘビ」と「ヒョウ」、そして「ゴマバラワシ」に対するものである。しかしこれらの「危険」合図が痕跡的な「語彙」と呼べるかもしれず、とても単純で芸のないものと片づけられないと考えさせられるのは、他にもじつにいろんな種類の鳴き声があることによる。

サヴァンナモンキーの鳴き声は柔かい低音の短い反復音で、ときとして「ウーフ・ウーフ」というように表現される。観察者たちは長年これらの鳴き声を聞き、彼らが連絡を取りあうためのある種の漠然とした方法であると結論していた。ケニアのアンボセリ国立公園で長年にわたってこの動物を研究してきたドロシー・チェニー（Dorothy Cheney）とロバート・セーファース（Robert Seyfarth）はこれらの鳴き声を録音し、その組み合わせを分析した。二人は音波型分析（サウンド・スペクトログラフ）を使った。これは音の周波数を測り、その波長に応じて異なる高さの線を描いて記録するものである。驚いたことに、機械がどの鳴き声に対しても同じ線を描くことはなかった。人間の耳には全部同じに聞こえても、機械は四つの違ったパターンを示したのだ。チェニーとセーファースはこれらの鳴き声が異なる情況のもとで発せられることに気づいた。社会的な優位者に会った時、劣位者に会った時、開けた場所に移動した時、見慣れないサルの群に出逢った時。これらの違う種類の声を再生して野生のサル群に聞かせたときに、驚くべきことが起こった。一時的に姿の見えなくなったサルの声を聞くのとなるべく同じ状況にするように、テープレコーダーは薮のうしろに隠して、テープの声をサルに聞かせた。また後で詳しく調べる保存記録を採るために、それぞれ録音の再生中と再生前後の動きのすべてをフィルムにおさめた。機会を慎重に選んで、なにも気づいていないサヴァンナモンキーの近くで、テープレコーダーのスイッチを入れた。サルたちは他のサルが繁みの中で鳴いているのとまったく同じように振る舞った。もし鳴き声が、通常開けた場所に移動している時に発せられるタイプのものであれば、録音テープを聞いたサルはスピーカーの方を見るのでなく、全群が開けた場所へ移動しようとするのを予期しているような様子で、遠くに眼をやった。劣位者に対して優位者が発する声を聞くと、スピーカーの方をじっと見るか、または離れていく傾向があり、他方劣位者が優位者に遭遇した声のときは、反応ははるかに弱くて、サルたちは声の違いをはっきり聞き分けているようであった。見知らぬ群に属するサルを見たときの声と、なじんでいる鳴き声を聞くと、そのサルはすばやくスピーカーの隠されているところ、それからスピーカーが向けられている方向を見て、その方向に見知らぬ相手がいるのかと警戒する様子をみせた。

このようにサヴァンナモンキーは、人間の耳が聞き逃している鳴き声の違いを捉えることができる。人間にとってあくまで鳴き声は鳴き声でしかない。このサルたちに関する限り、そこにははるかにそれ以上のものが含まれていることを示すためには、テープレコーダーや音波型分析という形での科学技術の助けを必要とする。それらを聞くサルに、わずかに違う鳴き声がまったく異なるメッセージを明らかに伝えている——これは刺激に対してそのまま単純に反応するのとは正反対のものである。私たちはサヴァンナモンキーが何に反応しているのかまだ完全に理解していないし、どのように鳴き声の違いを聞きとるのかよく分かっていない。だがサヴァンナモンキーははっきりとそれをしているのであり、観察している人間を少しばかり手こずらせている。

ある意味では、雌のダチョウが演じる偉業はさらに注目すべきものであり、どのような仕掛けなのか私たちはもっと当惑させられている。その不格好な風貌だけでなく繁殖の習慣など、あらゆる基準からダチョウは風変わりな鳥である。その子育てのシステムは通常の記載に敢然と挑戦している。つがいのダチョウはしばしば他のダチョウのひなをさらってきて、むりやり養子にしたひなを自分のひなと一緒にした巨大なひな団をつくる。誘拐に成功したものは本当の親を追い払い、すべてのひなを自分のものとして面倒をみる。しかし自分が盗んだひなを、他のつがいダチョウに逆に奪われてしまうこともあり、このダチョウは自分のひなに新たに盗んできたひなを加えて、さらに大きなひなの一団をつくろうとする。この奇妙な一連の誘拐は、親鳥がある型の稀釈化を通じてひなを守る手段をもっていることの表われである。ダチョウのひなの一団は、捕食者にとっては見つけやすい。そのため、他のダチョウのひなで囲まれた中に大切な自分のひなを入れることにより、敵が襲ってきたとき本当のひなが奪われる可能性を低くする。他の親のひなでつくられた生きた防御壁によって自分のひなをうまく隠すので、他のひなを多く集めるほど、自分のひなをよく守ることになる。そのため、できるだけ多く他のひなを捕まえるおかしな競争になってくる。しかしこの強制的な子守り以外に、卵についてもダチョウはさらに並外れたことをしている。

六羽くらいまでの雌ダチョウは、同じ粗製の巣に卵を産む。それは地面を浅くひっ掻いただけの実に簡素なものである。結局一つの巣には一個あたり一・五キログラムの卵が四十個も入っているが、雄に助けられながら首領雌（major hen）といわれる一羽だけの雌がこれらを抱いて守っている。しかし首領雌は巣の中の約二十個の卵しか抱くことができないので、それ以外は巣の外へ押し出し、それらは死んでしまう。だが、雌は適当に卵を外に出しているのではない。その雌は多くの卵を産むが巣の全部の卵ほどにはならないので、抱いているのが自分の卵であり、端へ押しやられてしまうのは、たいてい他の雌が産んだ卵であることが分かっている。どれが自分の卵であり、どれが他のものであるかを雌のダチョウは認識しているようにみえる。そして、自分の卵を最優先にしているのである。ブライアン・バートラム(Brian Bertram)は現在、スリムブリッジにある野鳥トラストの調査責任者であるが、かつてケニアで野生ダチョウの調査に取り組んでいた。彼はどのダチョウがどの卵を産んだのか分かるように、いろいろな巣の卵に注意深く番号をつけてから、産みつけられていた状態に戻した。雌の中には自分の卵と他のダチョウの卵の違いを見分けるものがおり、その能力は完全なものだった。その雌たちは決して自分の卵は押し出さず、つねに他の雌の卵を巣の端へ動かすことを彼は発見した。雌のダチョウは自分の卵を見分ける目安として、単に卵の古さを使ったのではない。なぜならもし自分のものでなければ、古い卵も新しい卵と同様に放り出してしまったからである。また、巣の中の卵の位置を目安としたのでもない。雌が自分では産まなかった新しい場所のあたりにバートラムが卵を動かしても、まだどれが自分の卵か分かっているようだった。彼は、雌は卵の表面のくぼみのパターンによって自分の卵を認識しているという、考えられないような結論に達せざるをえなかった。すべての卵には、中で育っているひなが息をするために殻に小さな「空気穴」があいてる。それぞれの卵にわずかに異なった穴のパターンがあるが、その違いはあまりにわずかなので、鳥がその違いに気づくとは信じがたい。だが、これが確かに雌がしていることのようである。サヴァンナモンキーのようにダチョウも、動物にもできるどころか、動物だけができて、人間には信じがたいような識別を行なっているのだ。

これで、すべての動物が自然の刺激にたいして単純な反応をしているものでないことが、すでにはっきりした。単純さに悩まされるよりも複雑さに悩まされるというのが、いちばん当たっているだろう。私たちが多くの例に出逢うほど、ますますこれが本当になってくる。たとえば生殖と攻撃という生活における二つの主要分野で、動物は出逢ったとき互いに相手に対して複雑な識別を行なうだけでなく、その先何をするだろうかと予知する不可思議な方法さえ持っていることが分かってくる。

闘いを挑んでくる同種の相手に出逢ったとき、動物は矛盾に直面する。闘えば、たとえば食物やなわばりやつがいの相手など貴重なものを得るか、少なくとも失わないで済む。一方、闘いによって殺されたり、当面動くことのできないほど傷を負うかも知れない。闘わなければ安全ではあるが、繁殖の機会やすでに生まれた子供、生命維持のための食物供給など、生存と満足な生殖の鍵である大切なものを失う危険を冒すことになる。さて闘いの結果は、運の要素もあるがまったくランダムなものではない。ちょうどボクシングの試合結果が過去の戦法の知識や対戦両者の体格や体力の比較からある程度予測できるように、動物の闘いの結果も同じような要素を含んでいる。時としてこれらの予測は、興味の持てないほど一目瞭然のこともある。チビ動物と巨大動物の闘いでは、賭け金の差をいくらにしても追いつかない。フライ級とヘビー級のボクサーの対戦がほとんど勝負にならないのと同じであり、フライ級ボクサーにいくらかでも分別があれば（チビ動物もこれと同じである）、まず最初から闘いを拒否するだろう。これがボクシングに重量級が多い理由である。顔を合わせる者は、ほぼ同じ体力と能力を持つので、両者とも十分に勝利の機会を持っている。その夜の体重や健康状態、体調のわずかの差にもとづいて、どちらが結局勝つかという予想は果てしがない。ボクシング試合は基本的には似たりよったりの選手の手合わせなので、結果はどうなるか分からないところがある。むろん予測できない要素こそ闘いに妙味を添え、それを見るに値するものにするのである。

ところが動物は人間と違って、先週の試合でどのように闘ったか、その夜にどの体重レベルだったかなど、相手に対する詳しい情報を前もって知っているわけではない。だが動物は、闘う相手の戦闘能力や勝利の可能性を、驚くほど正確にその場で評価できるようである。闘いの危険と得られるかもしれない利益の帳尻はきわめて微妙なので、どのくらい勝つ見込みがあるかに関して動物が集められる情報は、対決を選ぶかどうかの決定できわめて重要となる（この「決定」が意識的であるかどうかという疑問はあとに残すこととする）。相手が強い、調子がいい、あるいは単に長く闘い続けられるように見えるときには、最良の戦法は闘わないで退却することである。しかし、もし相手が消耗していたりあまり筋肉がついていなければ、攻撃を仕掛けることによって収穫があるだろう。強い相手でも悪い時に足を滑らせれば負けるように、つねに偶然の要素はある。だから、まるで相手にならないほど強いのでなければ、強い相手にもときには挑んでいく価値がある。とりわけ、賭け金が高くて勝てば全部もらえる場合には、そうである。

これらがあまりに空想的に聞こえて、いま論じてきたことは疑人化の悪い例として誤解を招きそうだとしても、多くの動物が予想紙やリングサイド評論家の批評の恩恵にあずからなくても、与えられた敵との闘いで勝つ可能性に関してたいへん貴重な知識を持っているらしいことは、断言しておきたい。動物は互いに能力を測りあい、自分と相手動物の戦闘能力を評価し、そして評価にもとづいて闘うか退却するかについて合理的そのものとも思える決定を下す。「愚か」に振る舞って、環境のうちから反応すべきわずかの要素にただ反応しているだけという姿から予想されるものとは大違いだ。動物はいつも、単に刺激が与えられれば闘うというのではない。それどころかすでに見てきたように、動物は確かに複雑な識別をしているらしいのだが、どうやって？　と悩まされ、動物がしていることを詳細に調査してようやく理解できたのは、人間の観察者の方だったのである。今度は、雄のアカシカ（red deer）の婚姻のための猛烈な争いを例として取り上げてみよう。

スコットランド西岸のスカイ島のほぼ南にあるラム（Rhum）という孤島で、フィオナ・ギネス（Fiona Guinness）はそこに生息するアカシカの研究を長年にわたって行なってきた。ティム・クラットン＝ブロック（Tim Clutton-Brock）の率いるケンブリッジ大学の調査団とともに、彼女はアカシカを調査観察し、すべてのシカを個体識別し、そのシカの父親や母親、祖父母や孫も分かるほどになった。シカは島に隔離されているので、本島の他のシカと混血する可能性はない。そのため、彼女はそれぞれの系図や誕生、つがい形成、死亡の履歴を正確に記録できる。

一年のほとんどのあいだシカは平和に草を食べ、雌はゆるやかにまとまったグループで過ごし、雄はもう少し広がるか、小さなグループをなしている。しかし秋には平和が破られる。大きくて強い雄はひどく好戦的になり、他の雄から精力的に守ってきた雌のグループを駆り集める。若い小さな雄はまだ雌のグループを所有していないものも多いが、大きな雄に闘いを挑むか、はぐれた雌になんとか仲良くしてもらってこっそりつがいを作るのに時間を費やす。耳障りな絞りだすようなシカのうなり声と、ときには本当の闘いの衝突音で空気は満たされる。もう雌がはっきりと婚姻を受け入れ、翌年に生まれる子供を妊娠する時期である。とりあえず雌はグループになっているので、大きな雄が雌を駆り集めてかなり多数のつがい相手を確保しておくことは可能である。ただしつがいの相手がなくて、大きな雄の生殖財産に目を光らせている他のすべての雄を追い払っておけるならば、である。一頭の雄が守っているグループには二十頭かそれ以上の雌がいるが、うまく自分の子をつくれるかどうかは、どれほど油断なく雌がはぐれないように見張り、他の雄からの絶え間ない挑戦を撃退するかにかかっている。雄の苦役は長期間続く。五〜六週間の間つねに守り、闘い、見張らねばならない。しばしば餌をとる時間もなく、そのため健康を損ねていく。一方で守る雌を持たない挑戦者はだんだん強くなっていく。これは、繁殖期のはじめにはすべての敵を打ち負かすことができた雄も、期間の終わりには若い相手に苦闘しなければならなくなり、ついにはとても熱心に守っていた雌を失うかもしれないことを意味している。同じ二頭のシカの間でさえも、繁殖期がその犠牲をとりたてていくにつれて、闘いの結果は常に流動状態にある。

秋、九月中旬から十月下旬までずっと結婚の権利をめぐって闘いは続く。雄の中にはひどいケガをして失明したり、相手の鋭い角で受けた首や脇腹の傷に苦しむものもいる。毎年雄の二十三パーセントが障害個体になったり、迫ってくる冬を生き残る可能性が危いほどひどい怪我《けが》を受けるとクラットン＝ブロックは推定している。しかし彼が気づいたところでは、激しい闘いと同様に、多くの非交戦というようなもの、つまり結局なにも起こらないシカ同士の対決、まったく打撃を受けずに挑戦者が撤退することもあった。シカはかなり多くの時間を、互いのうなり合いに費やし、それから対決を打ち切るのが、出来事のすべてだった。だが、うなることは本当の闘いとまったく無関係でもないらしい。はじめに一頭がひとしきり十分にうなり、それからもう一頭が相当に力のこもった一息のうなり声やほえ声を送った後に、闘いは起こるようである。「うなり比べ」を何回か続け、しばらく歩調を上げたり緩めたりしてにらみあった後に、やっとシカたちは頭を下げて角つき合わせる。スティーヴ・アルボン（Steve Albon）とともにクラットン＝ブロックは、うなり比べはそれまでたいていの人が推測していたような単なる「威嚇」ではなく、互いの強さを測る手段であり、闘いが起こる前にどちらが勝つ見込みがあるか判断するためのものであるという考えを試してみることにした。

ボクサーが体重別に階級を分けるように、シカもおよその体重や大きさ、既知の優劣順位において釣り合いのとれる相手とのみ闘う傾向があるので、どちらが勝つ見込みがあるかという少なくともおおまかな考えを持っていることが、すぐに明らかになった。年上で社会的に優位の大きなシカに闘いを挑んで雌のグループを所有しようとする若いシカは、近づいて何回かほえ、お返しに何回かのほえ声を受け、それから退却する。シカ自身にとって明らかなように、人間が見てもこの競争はおよそ不釣り合いで、闘いの結果はほぼ予想がつくので挑戦を続ける価値はなかった。しかしもし挑戦者が体力的に伯仲に近ければ、たとえ何回かは闘いが回避されるにしても、闘いの結果はまったく違ったものになる。有望な挑戦者は大きな雄に近づいてうなる。防衛するシカはうなり返す。挑戦者は応えるが、うなり声を発することは体力を消耗し、うなるたびにシカたちはアゴの筋肉を震わせるので今度はもっと労力を注いでもう少し高い調子でうなり声を送る。防衛者はさらに力強くいくぶん高い調子で応える。そうして競争をエスカレートさせ、できればうなる速度もさらに高めて明らかに挑戦者を追い詰める。挑戦者も一段と上手に出てさらに高い調子でうなるか、でなければそこで引き下がってしまう。ほえ比べは両方のシカが労力を尽くして完全に消耗し、呼吸が整うまでしばらくは互いに長い闘いなどできないほどになるまで続くことがある。それから相手を脇から見たり、闘いに使われる肩の筋肉を吟味しながら、シカたちは行ったり来たりする。こうした検分でもたいした違いが見当たらないということになると始めて、実際の戦闘がはじまる。

ほえ比べと視察によってシカたちは互いの肉体的なたくましさに関する情報を得て、挑戦者はこれから起こる闘いで勝つ見込みをはかる機会を与えられることを、クラットン＝ブロックとアルボンは示した。シカたちの未来「予測」は、それを発しているシカのほえ声を手掛りとしてなされる。速い継続したほえ声をひとしきり発することは相当の労力を要し、ほえ声と闘いはともにシカが持っている強いアゴの筋肉にかかっているので、実際肉体的に良い状態のシカ、つまり長期戦のできるシカでないと、こんなほえ方はできない。それゆえ高速にほえる能力は、闘いに勝つ能力とかなり深い関係がある。こうして挑戦者にとって、ほえることは闘いの結果に関する信頼のおける――そして安全な――指標として、攻撃決定に用いることができる。短い間にたくさんの大きなほえ声を発して自分をほえ負かすシカは、ほぼ確実に闘いでも自分を凌ぐので、闘うのを避けるべきである。しかし、もしほえ争いや相手の体の詳細な視察によって競争相手の力の差を識別できなければ、最後の手段として体力テストに訴えるしかない。

闘いの結果が予測不能な情況のもとでは闘い、相手との決定的な違いがいくつか明らかになれば取り止めるという事実は、シカたちが互いの詳細な情報を使って勝敗の可能性を実際に測っていることを強く示唆する。もし、体格がかなり違っているなどの相違がすぐに明らかでなければ、両者は互いに探りあいに入り、ますます声を張り上げてほえ比べの形でスタミナと勇ましさの証拠を請求しあう。これには、掛け値なしに肉体的にそれに合っているかどうかで勝負するしかない。もちろんこれは、角の大きさなどの外見から分かる特徴よりも、当日の相手の本当の力を測るのに頼りになる物指しである。りっぱに角が育っていれば、その雄シカは元気で健康であるだろう。しかし彼は、繁殖期の間ずっと仕事に忙殺されたせいで十分に餌が食べられず、夏よりも体重が二割減って、角の大きさは同じでも戦闘能力はだいぶ落ちているかもしれない。相手の若いシカが知りたいのは、季節初めに相手がどれ位強かったかではなく、いま現在どれ位強いかである。角はライヴァルを追い払うものではなく、ほえ方《かた》の方が問題なのだ。大きな体と立派な角にもかかわらず、年長のシカが毎分六回しかほえなかったのに、自分は八回を達成した事実を感じとった若いシカは、相手のいくらか萎んだ肩の筋肉を見つめ、しばらく歩調を上げたりゆるめたりしてから、やおら攻撃を開始する。雌たちは、翌年の子ジカの父親として、新しい若い雄を迎える。

しかし若いシカの攻撃決定は性急に安易になされるものではなく、相手の一つだけの特徴を選び出して、それに「愚かにも」反応するものではない。反対に、相手の力量を測るのに十分な時間を費やし、決定的な弱点が露見しないかと、もっともかすかな手掛りも探す。手掛りはすぐに見つからないとしても、やがて引き出される。弱った相手は、やがて尻っぽをだすことになる。動物が結局実行するのは、単純な手掛りに反応することではなく、いちばん起こりそうな事態の兆しを与える手掛りに反応するのだ。ボクシング試合や競馬、選挙の結果に金を賭ける人も、これほどうまく出来そうもないほどだ。

同じようにかすかな手掛りを測って比べるのは、つがい相手を選ぶさいの雌動物によくあることだ。雌にとっては、正しい種の雄を選べばすべて問題なしと考えておけば簡単だが、雌による選択について多くのことが分かってくるにつれて、雌はどの雄を相手に選ぶか、やたらにこだわっているように見えてくる。雄が正しい種である、適齢期の雌とつがいとなる準備ができているなどだけでは十分でない。雄は他の特性、ときにはまったく謎である何かよく分からない資格も、持ち合わせていなければならない。ここで、雌の選択が複雑きわまるもので、それゆえ謎解きしようとする人々を文字通り困惑させた一例として、雌のクロライチョウの「生存見込み」戦略を挙げることができる。

雄のクロライチョウは華麗な鳥である。力強い体つきとつやのある黒い羽毛、明るい赤色のとさかと肉垂があり、白くてはっとするほど美しい竪琴のような尾が、両脇につきだしている。その尾は求愛ディスプレイのとき扇形に広げられるので、もし雌が単純な方法で雄に応えるものならば、羽毛の残りの黒と対照して広げられた大きな白い竪琴にひきつけられるにちがいない。確かに雌はこの目立つ飾りによって刺激される機会が十分にある。ある地域の雄はすべての一箇所に集まっていて、それぞれ周囲のわずかばかりの領地を守り、雌が通り過ぎるつど、てんでにその尾を誇示する。これら共通の展示場所は「レック」と呼ばれ、鳥の世界の結婚市場と同じものである。最終的にどの雄とつがいになるか決める前に、雌のクロライチョウはレックに来て雄を視察がてら、そこを歩きまわる。ジェーコブ・ヘグランド（Jacob Högland）は共同研究者であるスウェーデンのラウノ・アラタロ（Rauno Alatalo）およびアルネ・ルンドベリ（Arne Lundberg）とともにこの鳥を長期間にわたり研究して、雌は二羽の雄のなわばりの境界線を歩いて雄に闘いをしむけ、どちらが勝つか見ることによってどちらが強いか直接的な兆しを得るのだと信じている。用いている規準が何であるにしても、結局雌はつがいの相手として一羽の雄を選ぶ。雌が分かりやすいことをするとすれば、それはもっとも大きな白い尾とか大きな体、赤い肉垂、もしくはなにか他のはっきり定義できる特徴をもつ雄を選ぶことであろう。しかし、雌のクロライチョウには他の考えもあるようだ。雌はたしかに他の雄よりも別のある雄を選ぶのだが、雌が用いる選択基準は何か、ヘグランドたちは知ることができなかった。好ましい雄は必ずしも他より大きくなく、もっとも力強くディスプレイしたものでもないらしい。また、少なくともたかっている寄生虫の数から判断していちばん健康な雄というのでもなさそうだ。雌に人気のある雄が、しばしば大きな白い尾をもっているのは事実だが、同じような尾があるのに、品定めの結果無視されたたくさんの雄もいた。美しい尾は雌の目をひくのに役立つようだが、それが秘密のすべてではなかった。

雌が魅せられたものは何かを解くために、選ばれた雄とつがいに成功しなかった雄について考えられること全部——大きさ、体重、尾、肉垂、ディスプレイ、レック内での位置——を測定したあげく、スウェーデンの研究者はあきらめて、選択における本当のパターンは検出できなかったと、あわや述べかかったとき、彼らはまことに奇妙なことに気づいた。彼らが詳細に計測しても、選択がなされた時点で雌が用いる基準が何かについては何も手掛りが得られなかったのだが、つがいを作った後に雌は雄を特にどうするのでもなく、それゆえ雄が生き延びるのを助けるとは考えられないのに、つがいの六ヵ月後にまだ生き残っている雄を、雌は正確に選んでいるようだった。つまり研究者が繁殖期に外見や行動にもとづいて、雌がどの雄を求めるか予想することは不可能なのだが、もし六ヵ月待った上で、そのときどの雄が生きていてどの雄が死んだか記録してみると、雌は生き残る雄を「予測」し、子供の父親として選んだことは分かった。

ヘグランドと共同研究者は、この予測をたてることができなかった。雄がどのくらい寄生虫を抱えこんでいるか、どれほど脂肪がついているかなど、健康や当面の病気のしるしは、その雄が半年後に生き残る予想にほとんどまったく役に立たないので、どの雄が生き残りどれが残らないかは、彼らにとっては偶然の問題であるように思えた。繁殖期の時たかっている寄生虫がわずかで、体重も健康体である雄が、しばしばなにかの理由で死に、ところがそれと体調がほとんど同じか、むしろやや劣るくらいの他の雄が六ヵ月後に健康で生きている。雌のクロライチョウは、研究者の眼からは分からないかすかな手掛りを明らかに選び出している。雄を視察し、闘いをながめ、どのように雄が作用しあっているかをだんだん見るうちに、雌は何羽かの雄に将来のトラブルのしるしであるかすかな欠点を見破る。私たちにはまだ分からない方法で、不運を負った雄は無視され、それと違ってもっと明るい未来をもつ雄に白羽の矢が立つ。そのような雄をつがいの相手とすることは、ひなに関する限りおそらく雌ができる最高のことである。なぜなら父親を生き残らせているものは次の世代に引き継がれ、そのひなも生き残るだろうからである。私たちにはまだ雌のクロライチョウがどのようにして未来予測というべきことをしているのか分からないのだが、雌は目の前にみせびらかされるディスプレイや派手な羽よりも、最終的には子孫が生き残る機会にもっと関係のある何かかすかな手掛りの方に、はるかに印象づけられていることはたいへんはっきりしている。

私たちはいまや、多くの動物行動は単純どころでないことを理解するのに十分な例を見てきた。動物がほんの一つか二つの特徴だけ環境から選び出すように見えたり、トゲウオが赤い郵便車に反応するようにかなり粗末な表象あるいはモデルによって簡単にだまされる例も、いくらかはある。しかしこれらは、いま見てきたように、すべての動物が行動する仕方の一般事例にはならない。サヴァンナモンキーの声は、彼らがいつでも用いている違いを区別するのに音声分析装置を必要とした。雌のダチョウは他の雌が生んだ卵と自分のを見分けるほとんど不可能ともいえる仕事をこなしている。これらはともに、動物が行なっている識別が複雑きわまるもので、私たちが思っていたところをはるかに上回ることを示している。もしこうした研究がなされなかったら、人間以外の動物は単純なものだと容易に片づけられ、世界に対する彼らの複雑な反応は見過ごされていただろう。幸いにもこのような研究が次々と報告されて、その多くが、動物の行動は大部分の人が想像していたよりもっと「賢い」ものであることを証明している。さらに、動物は複雑と表現していい反応をその場で行なっているだけでなく、次にすべきことを決定する前に、その環境から特別の情報を探して引き出すこともしている。雄のアカシカが闘う前に相手を見積もり、また雌のクロライチョウがつがいとして選ぶ雄を詳細に視察する念入りな吟味は、いずれも動物が最初からは入手できない情報を得るのに多くの時間と労力を注ぎこんでいること示す。動物がしていることは、「愚か」で盲目的な行動とは正反対のものである。それどころか動物はかなり賢いもののようにみえる。

しかし動物は本当に賢いのだろうか。一見賢いこれらの行動はすべて、ごく単純な前もって組み込まれた諸反応の結果であって、本当の理解の証拠をまったく示していないという可能性はないのだろうか。おそらく雌のクロライチョウは、人間には見つけられない雄の何か小さな違い、たとえば肉垂の色のわずかに違いなどに反応していても、自分が何をしているかの理解なしに「盲目的」に反応しているのであって、まして明るい赤色の肉垂をもつことは健康と未来への良い徴候などと、意識した考えはもっていないだろう。サルの鳴き声にしても、簡単な説明があるのではないか。私たちは違いを聞き分けられなかったので印象を受けたが、これは耳が最初はこれらの音に慣れていないし十分なほど訓練を積んでもいないからにすぎないのではないか。動物の行動が不可思議にみえるのは、動物そのものが賢いことの保証ではない。

動物は愚かという嫌疑を晴らすには、動物は自動的な「生得の」仕方以上のもので反応すること、その置かれた特殊な環境に行動を適応させる学習が、動物にはできることを示してみせるほかない。動物が生まれながらもっている自動反応を越えて、することを変えたり目的に合わせて操作できるくらいに世界をよく理解していることを示すならば、それは私たちが求めている種類の証拠になるだろう。行動を変えることにより自分で生活をより良くすることを学習できる動物は、世界のはたらき方について少なくとも最少限の理解をしているにちがいない。

どこを見回してもほとんどいたるところに、学習能力のまぎれもない証拠はある。一緒に仲良く地面をひっ掻いているメンドリの群は、学習の宝庫のようには見えない。しかし実は、一羽ごとにしばしば痛い目に会いながら、グループの中で自分がどの地位にあるのか正確に学習したのだ。はじめにメンドリは一緒にされると闘いをはじめる。首の羽毛を逆立て、闘うオンドリのように頭をしゃんと立て、ひどい襲撃の応酬となる。とさかと顔は血だらけになることもある。しかし、地位の高いメンドリが劣った地位にあるものにときたま送る「思い出しの」攻撃を別にすれば、数日たつとすべてが鎮静し、数週間後には平和で調和がとれている。少なくとも、ニワトリが互いに個体として個々に知りあうことができるくらい小さなグループでは、伝説的なメンドリの「突つきの順位」は生活の事実である。ウォルト・ホイットマンは次のように書いたとき、これ以上ない大間違いをしている。

動物に加わって　ともに暮らしたい
彼らはこれほど穏やかに満ち足り
誰も不満足なものはいない
所有熱にうなされるものはいない
他のものにひざまづくものはいない
何千年ともに生きてきたおなじ一族に対して

ホイットマンがたいへん感銘を受けた平穏は、メンドリだけでなく他の多くの動物においても、それ以前に社会階層のなかでの地位にしばしば力づくで決着をつけた争いの期間の産物なのだ――ホイットマンの見方とは反対に。実際、他の動物のようにメンドリも他のメンドリに道を譲り、逆に他のメンドリには道を譲らせることに、生活のかなりの部分を費やしている。外面的な調和は、それぞれのメンドリがひどい目に会いながら自分の地位をすでに学び、打ち負かせそうもない相手と連日同じような血みどろの闘いを続けるよりも、抵抗しないで優位者に道を譲る方が長い目で見れば得るものは多いと学習することによって生まれた。それぞれのメンドリが実際的になり、たとえ低くても階層のうちで自らの地位を受け入れることの代償として、平和が得られる。メンドリは相手同士と個々に顔見知りとなり、特にとさかや肉垂の違いによって同じ群の仲間の特徴を認識し、もし社会的な地位がそのように要求するならば餌とか眠りの敷地とかを相手に譲る。ここでの学習は社会的要請であり、毎日ほとんどすべての瞬間に組み込まれた不可欠の部分である。

さらに、動物が所有熱に浮かされていないというのもまた、間違えやすい寛容さや協調的な外見から導き出されたものであり、食物の所有や安全な寝床、特に領分所有のための衝突が、よく発達した学習能力によって覆い隠されているのを理解していないことによるのだ。

実はホイットマンの霊に許しをもらって、こう言ってしまいたい。「所有熱にうなされている」というのが、多くの動物がつがいの相手や自分のものと思っている一片の土地を防衛しているときの行動を、むしろよく表わしているだろう。およそ「自分の」メンドリにちょっかいを出そうとする他のオンドリを見つけた若いオンドリほど、狂暴なものはないし、このように本当の闘いに乗り出さなくても、動物は何が自分のものであるかしるしをつけ、占有の権利を宣言するために多くの時間を費やしている。冬でもわずかに気温が上がりさえすれば、雄のシジュウカラはなわばり防衛の歌を歌いだす。たとえ歌うことで、生き残りに必要な餌を見つける大事な仕事の機会が減っても、そうするのだ。春の朝に私たちを喜ばせる夜明けのコーラスも、実はトリがライヴァルを追い払うための警告以外のものではない。「わたしのもの!」「手を出すな!」というのがトリからのメッセージだ。所有とそれを周囲に知らせるための熱狂はかなりの時間を必要とし、体力を消耗させる。しかし実際に肉体的暴力に訴えるよりは、歌でライヴァルを説得して手出しさせないことの方が確かによく、実際の闘いよりはダメージが少ない。しかし歌による挑戦があまり頻繁で所有宣言に一日の大半をつぶすようだと、本当の闘いの代用品であるものが、時間だけからいっても、餌あさりその他に費やすべきものに負担をかけてくるかもしれない。そして、ちょうどメンドリが最後には羽毛を逆立てなくても突つきの順位のうちで自分の地位の受け入れを学習したように、なわばりの所有者も、どの挑戦者の歌が応答に値するか、または無視してもよいかを学習する。どのトリが挑戦しているのかを学習することで、やたらに多くかかる時間と労力を節約するのだ。カナダのトロント大学のブルース・フォールズ（Bruce Falls）はたくさんの種類のトリのなわばりを守る歌を詳細に研究して、そのうちの一種ノドジロシトドが、「ライヴァル追い払い」のための仕事量をたいへん効果的に切りつめる手段を持っていることを発見した。雄は個々の雄の歌を覚え、脅威を与えない歌は相手にしないような選択的学習をやっているのだ。

あまりはっきりした特徴のない小鳥であるノドジロシトドは、くっきり区切られた白い喉と白黒の縞になった頭以外には、多くの他のスズメ類と区別がつきにくい。北アメリカ全土に見られる。雄がなわばりのために歌う独特の歌は「オールサム・ピーバディ・ピーバディ・ピーバディ」と表現されることがあり、高いよく透る声でさえずる。雄のノドジロシトドはどれも基本的には同じ歌を歌うが、種に特有の明確なパターンは保ちながら、たとえば少し調子を変えるとかそれぞれ独自の変化を加える。これは雄の歌がノドジロシトド種のものとして認識（他の雌や雄によって）されるとともに、特定の雄の歌としても認識されていることを意味する。

春には、雄は繁殖のためのなわばり（それぞれ約1／3ヘクタール）を築き、そこに雌は巣をつくり、ひなを育てる。なわばりは休息地や食糧倉庫として役立ち、それゆえ安全な繁殖の機会のために大変重要なので、雄はそれを懸命に守る。快適な環境の中で、それぞれのなわばりは他の雄のノドジロシトドが所有するなわばりに四方を囲まれている。ひとたび雄がなわばりを築き、国境線をしかるべく引き終えると、なわばり所有者にとってさし迫った脅威は、明らかに、こうして選んだ一片の土地から自分を追い立てようとする土地なしの部外者だけである。お隣さんのなわばり所有者は、自分なりの繁殖のための資源を手に入れ、つがいの相手を引き寄せ、子育ての助けをする仕事で急がしい。だから、なわばりをもった雄が隣のなわばりの雄の歌に反応しても意味がない。雄が努力を費やすべき相手は、自分のなわばりを持たず、その乗っ取りを狙っている希望にあふれた若者である。フォールズは、オンタリオ州のアルゴンキン公園で研究していたノドジロシトドがまさにそうしていることを発見した。ノドジロシトドは、自分の土地の隣にいる雄の歌の個性をすばやく学習し、その雄が実際に自分のなわばりを守って活発に歌っても、それには反応しなかった。しかし、よそ者がやってきて聞き慣れない歌を歌うと、たちまち挑戦が始まり、なわばりの所有者は歌い、もし必要ならば侵入者を追い出した。フォールズはある雄の近くに暮らしているものと、まったくの部外者という異なる種類の雄の歌をテープとり、観察に使った。鳥は本当の雄に対するのと同じにテープに対しても反応した（葉に隠れて見えないライヴァルの存在をまず知らせる手掛りが音であることを考えると、これはべつに驚くことではない）。鳥は隣の雄の声は気にしないが、見知らぬ雄の声には歌を返す。鳥は歌声の量を節約するために、「安全な」隣の雄についての知識を明らかに使っていた――彼らを「馴染みのある敵」とみなしたのだ。

しかしフォールズはさらに興味深い事実も発見した。もし彼が隣接する雄の声を、たとえばふだんは実験対象である雄のなわばりの北側にいる雄の声をなわばりの南側で再生するなど、間違った場所で再生すると、その反応はまったく知らない雄に対するものと同じくらい大きい。完全になわばり争いのためである歌が返される。他の雄の歌の個々の特徴だけでなく、それがいるはずの場所さえも鳥たちは明らかに学習していたのだ。もし隣の鳥がいつもの場所から動いたならば（もしくは違う場所でテープが再生されて動いたように思えたならば）、自分の一片の土地に満足している「安全な」ライヴァルとしてでなく、自分を追い払うためにうろついている侵略者とみなした。馴染みのある敵が間違った場所にいれば本当の敵となり、そのようなものとして反応して追い払わなければならない。なわばりを持つ雄の間で成り立っている平和は、この場合複雑な学習過程の上に成り立っているもので、その歌を聞いたことがある個々の鳥のうちのどれかということだけでなく、その鳥がいるはずの場所にいるかどうかに対しても、鳥はその行動を調整しているのだ。動物はその環境に「愚かに」機械的に反応しているという考えからは、はるかにかけ離れている。

にもかかわらず私たちはまだ、ノドジロシトドや、群のうちで自分の地位を学習したオンドリの学習の大仕事も複雑な記憶力も、印象的ではあるが信念をぐらつかせるものではないと言うことができる。少し練習を積めば、おそらく私たちもオンドリの群の十羽を全部を見分けることができるし、熱心に耳を鍛えれば、あるノドジロシトドと別の一羽の歌を聞き分けられるかもしれない。違いがたしかに存在する。オンドリの肉垂ととさかは個々に見ても違うし、それぞれの雄のノドジロシトドの歌の波形分析図が、認識できる違いのあることを保証してくれる。しかし動物の学習能力のいくつかの事例には、およそそれらとは異なる程度の複雑さをもっているものがある。もし私たちがこうした動物と競り勝とうとすれば、人間の方こそ愚かに見えることだろう。

キツネやリスからハシブトガラやシジュウカラのような小鳥まで、多くの動物は食糧が豊富なときにはそれを隠し、しばらく後で戻ってきてそれを食べる。キツネが一度に食べられる以上のカモメやニワトリを殺して残りを埋めるように、動物はおそらく二、三ヵ所の「貯蔵食糧」用地を覚えているのだろう。だがハシブトガラやアメリカコガラは一日のうち何百品もそれぞれ離れた場所に食糧を隠して、数日後にまたそれらを見つけだす。鳥たちは一年のうちに、樹皮の裏や穴の底にそれぞれ注意深く隠した何千品もの食糧をふたたび取りだす（鳥のなかには種子を深い孔の奥まで落としたり、木にしっかりくいこませすぎて再び取り出せなくなったものも見られた）。これは食糧がどこに隠されているかについての驚くべき記憶力（回収の実際的な面では現実性をしばしば欠いていることとも合わせて）を示唆している。鳥たちは食糧を隠した何百もの異なった場所の記憶を、頭にためこむことが出来るということになる。

しかし鳥の記憶は本当に素晴らしいという結論へ飛躍するまえに、鳥は匂いとか人間が気づかない他の手掛りによって隠した種子の位置を探しあてるといった、もっと単純な説明を除いておかなければならない。おそらく種子が隠されるとき、樹皮の剝げ痕のような、食糧の場所の手掛りを与える証拠の目印があるのではないだろうか。もしこれが事実であれば、鳥はだいたいどのあたりに食糧を隠したかを覚えるだけでよく、一度そこに行けば、以前に残されたはっきり分かる目印が導いてくれることになる。

しかし、トロント大学のデーヴィッド・シェリー（David Sherry）とサラ・シェトルワース（Sara Shettleworth）や、オックスフォード大学のジョン・クレブス（John Krebs）による一連の研究から、事実はそうではなさそうなことが明らかになってきた。彼らはつかまえたハシブトガラ（ヨーロッパ産）とアメリカコガラ（北アメリカ産の小鳥でハシブトガラと容姿も行動もたいへん似ており、このことがトロントとオックスフォード両大学の共同研究をたいへん容易にした）を使った。鳥たちには、種子を隠すのに都合よくドリルで穴を開けた人工の木を与えた。運よく、一年のちょうどその時期にハシブトガラとアメリカコガラはそのような人工の木にもたくさんの種子を隠さなければならなくなり、開閉できるヴェルクロ（マジックテープの一種）の小さな扉をそれぞれの穴にとりつけても、隠す作業を続ける。穴に食糧を隠すように仕向けておいて、その穴に蓋をするのはいくぶん変に聞こえるかもしれないが、そこには十分な理由があった。蓋が閉まっていると、鳥は中に何か入っているかを見るためにヴェルクロの扉を引いて剝がさなければならないので、どの穴に種子が入っていると思ったか、鳥が自動的にはっきり目印をつけてくれるからである。種子が見つからないところでも、剝がした目印は残る。餌を手に入れるために樹皮を剝がすことに慣れている鳥にとって、ヴェルクロの切れ端を引き裂くのはわけないことである。そのため小さな蓋をつけた木は、鳥たちにとって十分自然な環境を与えるとともに、実験者のためには、鳥に特定の穴の記憶があるのか、またはそこに食物が見えるからその穴に向かうだけなのかを区別してくれることになった。

ヴェルクロの扉を開けておくかどうかは、研究者が鳥に何をさせたいかによる。たとえばシェリーの実験の一つでは人工の木の森があり、それぞれの木には直径〇・五センチの穴がいくつかあって、開けたり閉めたりできる。シェリーはアメリカコガラが蓄えられるようにヒマワリの種子を与え、鳥が穴に種子を入れられるように、小さな扉をはじめは開いておいた。彼は鳥が使った穴を注意深く記録して、それから人工の木がある鳥飼育場の外へ追い出した。二十四時間後に彼は鳥たちをふたたび戻したが、そのときに種子が中にあるものも空のものも、すべての穴が覆われるように扉を全部閉めてしまった。鳥たちははじめ気づかなかったことだが、彼はどの穴からも、扉を閉める前に鳥たちが隠しておいた種子を全部とり除いておいた。これでどの穴もすべて同じに見え、匂いも同じということである。穴ごとに違う唯一の点は、そのいくつかは鳥が食糧を蓄えるために二日前に使ったことである。与えられた利用可能な七十二個の木の穴のうち、十五粒の種子のために実際に使っていたものはどれか鳥は覚えているだろうか？　その結果は印象的だった。鳥たちは、たとえ今は空《から》でも種子を入れてあった穴をきちんと探し、使っていなかった穴を無視する傾向にあった。鳥たちがどの穴の扉を引っ張って開いたか、どの穴が食糧庫として使われていたか、記録を比べて得点をつけてみると、シェリーには鳥がどれほど記憶力がいいかが分かった。得点は「優」だった。食糧の匂いがしたり見えたりしなくても、また中に何があったかということについて鳥を導く他のわずかな手掛りがなくても、彼らは二日前に種子を入れた場所を選んで探し出し、扉を引き裂いて開けた。

シェリーはまた、鳥はさらにさらに一段上手《うわて》であり、探している間にどの穴を訪ねたかを覚えていて、一度そこから食糧を取り出した穴を再び訪れることがないように注意していることも証明した。これを証明するために、彼は次の実験では装置をほとんど変更しなかった。鳥に食糧を蓄えさせてから、二十四時間飼育場の外に出しておいた後に戻したが、こんどは食糧を穴の中に残しておき、鳥が離れていてもどの穴に食糧があるか見ることができるようにヴェルクロの扉を開けておいた。彼は鳥が食糧の半分を食べること、つまり前日に食糧で満たした穴の半分を訪れて中味を食べることを認めた。それからもう一度鳥たちを移動させ、さらに二十四時間待たせた。次の日、つまり今度は食糧を隠してから四十八時間経ったころ、鳥が戻ってくる前に、全部の穴から残りの食糧を除いてしまい、それ穴からを全部ヴェルクロの扉で覆った。そこで七十二個のヴェルクロで覆われた穴を目の前にして、アメリカコガラはすでに自分で食糧を取ってしまった穴を残して、前日に訪ねて食糧を取り出していない「自分の」穴の扉だけを引き裂いて開けた。鳥たちは二十四時間前に穴から食糧を取ってしまってそこは空になったので、訪ねる意味がないことを知っていたのだ。鳥は（シェリーが意地悪くすべて取り除いてしまわなかったら）食糧があったはずの穴に注意を集中させた。鳥はどこに食糧を蓄えていたのか、さらに印象的なことにどの穴を前に訪ねて入れてあった食糧を取り出したかを、掛値なし、覚えることができるらしい。

しかし、野生の鳥たちが習慣的に何百もの品目の詳細な位置を覚えていると結論づける前に、除外しておくべきあと一つ重要な説明がある。不精な運転者が車をどこに止めてきたか正確に覚えていなくても、いつも日陰に駐車することにしているので「木の下」に置いてきたということを漠然と覚えているのと同じようなことを、鳥がしていることもあるのではないか。いつも木の下に駐車するという、あらかじめ決めた習慣に従うならば、この運転者は実際よりもずっと記憶力がいいような印象を与えるだろう。もし彼が駐車場の右隅にある木の下の車にまっすぐ向かって行けば、その朝あいていた何百もの場所のうち、どこを選んだか場所を覚えているように見えるので、たいへん印象を受けるかもしれない。だが駐車場に木が四本だけあり、場所が空いていれば彼はいつもそのうちどれか一つの下に車を止めることにしていたとすれば、私たちが目撃したのは記憶力の偉業ではなく、「Aそれから B、Cの木の下を見る」という単純なルールの応用である。

鳥が似たようなルール——いつもあるお気に入りの場所に食糧を貯蔵して、見つけたい時にもその同じ場所を系統立てて見る——を適用しているならば、実際にはすべてをよく覚えていなくても、表面的には素晴らしい記憶力をもっているような見かけを呈することになる。しかしこの説明もまた排除できる。アメリカコガラもハシブトガラも、決していつも同じ方法で体系的に探しているのではなく、食糧が必要なときいつも同じ順序で同じ場所に戻るのでもない。鳥たちは新しい場所を利用しながら動きまわり、その後でも、どこにものを蓄えたのかはっきり覚えている。鳥には何の「定石」もないし、覚えなければならない量を減らすことのできるルーチンの手続きもない。そして最近のトロントとオックスフォード大学の実験では、鳥はたとえ自分がそれを隠したものでなくても食糧がどこにあるか覚えられることを証明している。これは食糧の貯蔵と発見についての「お気に入りの駐車場」説を確実に除外する。

ここでは、研究された鳥はヨーロッパ産のハシブトガラに似たアメリカコガラである。実験は、かつてシェリーが人工の木に種子を蓄える穴とヴェルクロの扉をつけて行なったものにもとづいている。しかし今度は、ヴェルクロの扉のすぐうしろは小さな透明プラスチックの窓になっていた。今回は鳥でなく人間が食糧を隠すという仕掛けだ。いくつかの穴には、プラスチックの窓で近づけなくなっているが、ピーナッツのかけらがある。木を調べさせるとき、ピーナッツが入っているがプラスチック窓があるので取ることができない穴にアメリカコガラが出会うように、はじめヴェルクロの扉は開いたままにされた。この後に、いらいらさせる体験に違いないが、鳥たちは木から移動させられて全部の穴がヴェルクロの扉で覆われてしまった。後で戻されたとき、鳥たちはすぐ前にピーナッツを見た穴の扉を系統的に開きはじめた。鳥たちはたとえ自分で食糧を入れたものでなくても、どの扉の中にピーナッツがあるか無いかはっきりと知っているし、二十四時間覚えていた。鳥は食べるのを許されていない食糧を歯がゆく一瞥するだけだったが、どの穴は後で調べる値打ちがあるか覚えるには、これで十分だったのだ。

つまり、この小鳥たちが場所について驚異的な記憶力を持っているという結論は避けがたい。野外では何百何千の貯蔵場所が学習され、シェリーの実験からも分かるように、鳥はかつて食糧が入っていた穴かどうかだけではなく、まだいま食糧が入っているかどうかまで覚えている。ものが隠されているのはどこかを知るのに短時間見ただけでも、鳥は一度に何百もの異なる品目の記憶力をそっくりそのまま保っているようだ。おそらくそれは特別でまれな種類の記憶かもしれず、私たち自身だったら特別役に立つことはないかもしれないが、軽く見過ごすことはできないものである。これらの鳥の記憶力は桁外れである。動物は学習する、それもかなり効果的に学習できるのは間違いない。以上でこの点はかなりはっきりしたにちがいない。

だが以下に見ていこうとするのは、さらに驚くべき現象である——動物は自分で学習し、自分の間違いから教訓を得るだけでなく、他の動物の経験からも同様に学習する。学習したことを、複写や真似の過程を通して社会集団全体に広げていく、そういう動物があるのだ。その知識は次の世代へと受け継がれ、この動物には「文化」や「伝統」の萌芽が見られるという人もある。こうした特別の用語を使うところまでいくかどうかは別として、この動物の行動の多くを表わすのに、「先天的」とか「機械的」とかいう言葉はおよそ適当でないことが明らかである。この動物の頭のよさ、狡猾さ、駆逐しようとする人間の裏をかく能力は、激しい怒りもかきたてるが、ついに不承不承の敬意も与えられることになる。

この特別な動物に対する戦いはすでに何百年も続き、人間はまだ勝利していない。この動物を全滅させたら喜ぶ人は多いだろうが、これほど知的な相手を一掃することは容易でない。下水道その他、不潔な場所の住人として、大の嫌われものだ。病気を伝染したり食物をだめにすることでも、恐怖と嫌悪のたねになっている。長くて毛のないピンクの尾と黄色い歯をもったその姿だけで、多くの人を不快にさせるのに十分である。つまりネズミは、ぱっと見には動物に「文化」の光をもたらすようには見えないということだ。しかし、まさにネズミはそれをやっているようなのだ。「文化」と「伝統」はネズミの社会と行動の機構を見るとき、私たちが仕方なく口にせざるをえない言葉である。たいていの人が好いていない動物であることは、彼らの業績を私たちが客観的に見るのを容易にしてくれるだろう。私たちの最初の姿勢が、「もちろんやってる」よりも「絶対にするはずない」というものであれば、もっとかわいくて興味をそそる動物の場合にありがちな擬人化の罠に陥る可能性は少ないだろう。つるんとした緑色生物の場合のように外見や生活様式についての偏見は一時棚上げするように務めて、ネズミの生活の仕方と人間の万全の計画も裏をかかれてしまうその能力について、説明を見ていくことにしよう。

問題はラットが、人間からすれば住んでもらいたくない場所にしばしば住みつく高度に社会的な動物であることからきている——あるいは見方よっては、問題というよりも文化のための機会ということになるが。この事情のため、当然ながらラットには毒を盛ってやるということになり、これはしばしば、ワルファリンのようないわゆる抗凝血剤を使ってラットの血液凝固を妨げて、体内出血で殺す(ゾッとするような死に方ではある)という手荒な方法で行なわれる。

大量毒殺が大いに進められた一つの結果としてラットは、ワルファリンその他同様の毒物に抵抗力をつけるようになった。ラットの体質は、毒を食べても体内出血しなくなるほど適応を遂げてしまったのだ。これは少数のラットが抗凝血剤があっても凝固する血液をもっており、これらは他のラットよりも生き残りの確率が高くて、その子孫が徐々に広がったことによる結果だった。ワルファリンに抵抗性のある新世代ラットの出現は農夫を悩ませ、そこで彼らは一段と効果的なものを求めた。そのため化学者はラットを殺す別のものを発明し、ラットがそれに抵抗力をつけるとまたもや別のものを作らねばならなかった。新しい毒物が開発され試されているうちに——ある場合はたいへんうまくいった(少なくとも初期には)のだが——、別のことが起こってきた。毒が平気になるように変化を遂げたのはラットの体質だけでなく、そもそも毒をあまり食べないように行動も変わってしまったのだ。たとえばイングランド南部など一部の地域では、性能を高めるように工夫した新たな毒物をもってしても、ラットはほとんど駆除できなくなった。ハンプシャーのある農場では、十四日間にわたる大量駆除計画で結局三分の一のラットしか退治できない結果に終わった。食べさえすれば必ず死んでしまうはずの餌に囲まれているにもかかわらず、三分の二のラットは平気の平左だった。

そこでオックスフォード大学のクレア・ブラントン（Clair Brunton）とデーヴィッド・マクドナルド（David Macdonald）は、この農場にいる何匹かのラットに小さな無線付きの首輪をとりつけてその動きを追い、どうなっているのか見ることにした。多くのラットは毒入り食物をさっさと通り過ぎて、食べようともしないことを彼らは発見した。ラットはかなり遠くまで出掛けていって、まったく安全な食物を見つけた。この行動の説明の一部は、ラットはたんに新しいものに対してきわめて用心深くてそれを避けているにすぎないということだった。以前そのあたりに毒入りの餌などはなく、だから用心深いラットはそれに手を出そうとしなかったのだ。彼らは野原をもっと遠くまで出掛けて、なじみのあるもの（当然はるかに安全なもの）を食べることを選んだ。この場合には、毒にやられないラットは超慎重派だったということであり、彼らが特に賢明であることを示唆するものは何もない。もし一部のラットが食べるものに関してたまたま他のラットよりも慎重派ならば（他の動物に見られるようにラットの間にも性質の相違があるので、これは十分ありうることだ）、新しい食物が危険らしい場所では、より慎重なラットの方が多く生き残り、繁殖してその慎重さを子孫に伝える。この場合、保守主義が引き合うのであり、目新しいものへの本能的欲求や旺盛な好奇心は、ほぼ確実にラットを殺すことになる。このような過程は学習とはまさに反対のものである。ここでは、新しいものを警戒する先天的傾向が、遺伝的に選択を進められていくように見える。盲目的本能の二つのタイプ——用心深さと不用心——が、殺鼠剤のある危険な環境のもとで試され、用心深さが勝つのである。

だがこれで話は終わりではない。ラットにはもっと多くの対抗の奥の手がある。正確に言えば、抗毒ラットはたんに慎重であったり、身体が毒に抵抗力を具えていたりするだけではない。ラットこそ、何が進行中かを記録にしっかりとどめ、食べて安全なのは何で避けるべきものは何かを知らせる情報の断片もすべて利用して行動を調節できる動物なのだ。これがどんなものかを示すためにしばらく農場を離れ、研究所でダイコクネズミを使って行なわれているいくつかの実験に目を向けよう。ダイコクネズミは、農業者から害獣として忌み嫌われている野生のドブネズミと同類の飼育品種（白色ラット、以下これを単にラットと記す）である。マクマスター大学のベネット・ガレフ（Bennet Galef）はこのラットは学習する——しかも相互学習が可能であることを発見した。多くの動物と同様ラットも味のいい食べものが好きで、まずいものや後で具合が悪くなるものを避けるように学習できるのは、驚くべきことでもないだろう。ガレフが証明したのは、ラットは自分たちにとって何が安全で何が毒になる食物か調べるためにお互いを「毒味役」にする（モルモットにするという言い方はやめておこう）ことだった。

ガレフの実験方法はごく簡単なものだった。彼は檻に入れたラットが互いに親しくなるようにした。研究室内でもラットはたいへん社会的な動物で、二匹はいつもスニッフィング（嗅ぎあい）やグルーミング（毛づくろい）をする習性があり、寝るときも身体を寄せあって寝る。それから彼は一匹を檻から出してパートナーと接触を断ち、特別な種類の食物を食べさせる実験を行なってから相手のところに戻し、残っていたラットにどのような影響があるかを調べた。たとえば彼がラットを取り出し（後で理由は明らかになるが彼はそれを「実証者（demonstrator）」と呼んだ）、ココアやシナモンといった強くて特徴的な匂いのする食物でどちらのラットもそれまで食べたり嗅いだりしたことがないものを与えた（一部のラットには、新しい食物を食べさせるようにすることができることもあるのだ！）。残されたラット（こちらは「観察者（オブザーバー、observer）」と呼ばれた）は、そのとき何が行なわれていたか見たり嗅いだりできないが、実証者が檻に戻ってくると観察者は特に口や口髭に集中して、実証者ラットに激しいグルーミングとスニッフィングを行なう。このある種の親密な相互作用が十五分間ほど続いた後に、ガレフは二匹目（さきほど残された観察者）を檻から出して、そのラット自身に出逢ったことのない匂いの強い二種類の食物を選択させた。ただしうち一方（シナモンとする）は実証者ラットが少し前に食べたもので、そのことがたいへん強い影響を及ぼした。観察者が食べたものは、必ず実証者が先に食べたものだった――実証者がココアを食べていればココア、シナモンならばシナモンを食べたのである。観察者は実証者が何を食べたか見ていなかったのだから、その口と息から匂いを嗅ぎとったはずである。他のラットが何を食べているかを「離れた所から模倣」することの長所は、当然この相手ラットが何かを食べて生き残っていれば、その食物は毒ではないだろうということである。

ガレフはまた反対の影響も証明した――その匂いのする実証者の具合が悪そうならば、観察者はその食物を避けるのが常だった。前回と同様に、まず一対のラットを互いに馴染みとしてから、一匹を取り出してサッカリンを飲ませた。サッカリンは栄養にはならないが、ラットにとってはかなり口あたりのいい食物である。またそれまでの実験で、全部のラットがサッカリンによく馴染むようにしてあったので、実証者はためらわずにそれを飲むことを彼は知っていた。それから彼は塩化リチウムという化合物を与えることで、実証者を一時的に具合悪くしてから観察者のもとへ戻した。二時間後、二匹はスニッフィングやグルーミングをしあって、いつものようにさかんに相互作用した。二匹を別々に離して互いに目につかないようにして、両方にまたサッカリンを与えた。さきほど塩化リチウムを与えられたラットは、むろんあまりサッカリンを飲もうとしなかった。実際には気分が悪くなったこととサッカリンを飲んだことは関係ないのだが、これを飲んだことと具合が悪くなったことが時間の上で非常に密接につながっていたので、そのつながりが無視されなかったのだ。しかしこのラットは他の液体ならよく飲んだので、その飲み気を抑えたのは一般的な食欲減退でなく、以前には好んでいたサッカリンがはっきりと嫌になったためであることが分かる。

だが本当に注目すべきなのは、その日サッカリンも飲まず塩化リチウムで気分が悪くなったわけでもない相手ラット、つまり観察者の行動である。それまでの実験ではいつも喜んで飲んでいたのに、サッカリンを飲むのを嫌がるようになったのだ。観察者ラットには実証者は全然見えなかったのだが、その行動は以前には好物だった食物を拒否する点で、具合の悪くなった相棒をまねたものになったのである。観察者は実証者よりいくらか多くサッカリンを飲むが、それほどたくさんではない。パートナーの匂いと奇妙な行動が、飲むのを手控えさせたのだ。現実世界では、この行動は実際きわめて適応的なものである。なぜならなにか特別の匂いを発しており明らかに中毒しているラットは、他のラットにとってその匂いがするものは全て避けるべしという具体的な教訓になるからである。巣穴での親しい付き合いのなかで、ラットには互いの匂いに気づくための十分な時間がある。ラットは健康者（この場合にはその匂いは捜しだして食べるための刺激となる）と、病気のラット（この場合はその匂いは忌避すべきものとなる）の違いを認識できるらしいことが、ガレフの実験によって証明された。ラットが互いの健康状態に関して「知識」を得るには、いくぶん時間がかかる。具合の悪くなった実証者ラットがある食べものや飲みものを避けている証拠を得るには、観察者ラットは最低三十分間ほど、具合の悪い実証者と付き合っていなければならない。観察者が病状に気づくためには、二匹のラットが十分に互いに知り合っていなければならない。まだ見知っていないラットと一緒にすると、そのラットがかなり具合が悪くて特徴的な匂いを発していても、観察者にその食物を諦めさせるには至らない。だがこの条件は、自然下のラットのコロニーでは通常満たされるものである。ラットは互いに個々に知り合い、長い期間相互作用しており、それによって仲間の一匹に調子のおかしいところはないか評価し、この情報を用いて自分の身を危険から守るのに十分な機会がある。

しかしこれは賢いことかもしれないが、そのどこが「文化」なのだろうか？　何を食べても安全か危険かの情報を一匹からもう一匹へ伝えることは明らかに「社会的学習」の例ではある。しかし「文化」にはもっとそれ以上のもの、何か遺伝的でなしに、ある世代から次へと伝えられる知恵のようなものという含みがある。見慣れない食物に対して示す母ラットの用心深さが娘ラットにも現われるとしても、母親を見守ることによって娘が用心深さを学習したのでないかぎり、これを「文化」と呼ぶことは殆どできないだろう。母ラットが用心深い遺伝性向を子供に伝えているだけならば、そこで見ているものは文化的遺産ではない。だが母親が一生のうちに何かを学習し、子供がまた母親から学んでその生活のなかで実行するならば、少なくともある言葉の定義からすれば、私たちはそこに文化伝達の萌芽様式を見ていることになる。そしてこの定義によれば、ラットは明らかに「文化的」である。

ラットが直面しているこの特別の問題——食物が毒入りかもしれないという問題——は、もし可能なら互いに相手から学習できるかという貴重な試金石となる。人間が発明した殺鼠剤は、いまや少量で殺せるほど致命的なものになっている。これを口にしたラットに第二の機会が与えられることはなく、また一部を試食してそこから学習することもできない。食べたラットは死んでしまうからである。他の動物、たとえばカラスがピクニックの残りごみに見慣れない食物が紛れこんでいるのを食べてみるような試行錯誤の戦略は、新しいものが直ちに死を意味するかもしれないラットにとって、あまりに危険なことである。ところが古くからの食物は枯渇し、新しい食物を見つけなければならないとすると、新しいものを決して試さないラットは餓死してしまう。もし他のラットが生き残っていれば、それは相当に分別ある食習慣を発達させているに違いないと言えるわけだから、そのラットの行動を利用することによって、試行錯誤の過程における誤りの危険性は減らすことができる。またもしあるラットが誤りを犯して中毒すれば、残りのラットにとって分別あるやりかたは、その不運な経験を生かして、同じ誤りを犯さないようにすることだろう。子ネズミはこれら両方の戦略を用いているらしい。野外のコロニーでは、子ネズミは親が食べている食物への強い嗜好をもって成長する。子供は食糧源で親に従い、それらと同じものを食べるだけでなく、尿や糞や他のネズミの遺臭、特に両親のものに囲まれた食物に強くひきつけられる。これは、もし両親自体はそこにいなくても、多くの他のネズミがそこで長い間食べてきた食物はかなり安全だという一般法則を、子ネズミが指標にしていることを意味している。それは絶対安全な指標ではないが、それまでどのラットも味わったことのない食物を片っ端から試してみるよりは、はるかにましである。これはまた、ラットにとって食べても安全なものは何かという情報が、子供が親を真似るという習慣として世代から世代へと伝えられていくことを意味している。

何が危険かという情報も、同じような方法で伝えられていることが分かっている。ある大規模な実験では、ネズミのコロニー全体に規則的に二種類の食物を食べさせた。仮にXとYとしておく。ネズミはXもYも食べ、どちらも同程度に受け入れられるようだった。そしてある日、先に見たようにラットを殺すほどではないがしばらく具合を悪くする物質である塩化リチウムを、Xと一緒に与えた。それ自体には味がないので、ラットは知らずにそれを食べて具合が悪くなる。その後両方の食物に塩化リチウムを混入しないまま提供されたが、それ以後Yだけを食べるようになった。コロニー全体が急にXを食べるのを止めてしまい、それ以後Yだけを食べるようになった。その後両方の食物に塩化リチウムを混入しないまま提供されたが、コロニーは長い間、Xを再び食べようとしなかった。その影響は世代を越えてずっと続き、塩化リチウムの実験を受けたことがなくてXにそれが混入されたことを一度も経験しないラットも、Xを食べなかった。生まれる前に同種のラットが一度病気にさせられた食物は、不運な食事を食べてしまったラットがもう周囲にいなくなっても、しばらく避けられていた。もし人間の社会でこのような影響が起これば、私たちは間違いなくそれを文化的伝統と呼び、習慣や禁忌が遺伝というよりも社会的な経路でいつまでも伝えられていくその持続に驚嘆するだろう。原則的に人間の伝統はさらに複雑な（時としてさらに合理的に乏しい）ものだが、ラットも彼らの文化的禁忌を持っていて、その理由は、もっとましなものだとも言うことができる。

近代化学兵器によって仕掛られた毒物戦争でラットがまだ負けていない事実は、大きく見ると相互学習によって何が安全か何が危険かという情報を子孫に伝えるラットの能力によるもので、もしこの能力がなければ全部自分で試してひどい目にあうという証明——つまりこの場合致命的ということだが——を発見しなければならなかっただろう。戦争が激化するにつれてラットは身体にも抵抗力がつき、その行動も慎重さや保守主義によって自分を保護するようになった。しかし私たちが見てきたような大幅な抵抗性は、この基本的な防御に加えて、ラットがかなり知的な動物であり危険の程度を察知してそれに応じて行動を変えることができて、はじめて可能になったのである。他のラットに起こっていることに気づき、自分の知っていることを次の世代の若い個体に伝えることによって、ラットはまさに強敵となっている。彼らが「文化」を持っていると私たちが認めないとすれば、それは私たちがゴールポストを動かして文化という言葉が意味するものの定義を変えてしまっているからである。

ここまでで、もっとも懐疑的な読者でも二つのことは納得されたと思う。第一に、さまざまな動物の行動を見ていくと、人間が見ている複雑な世界観とはまったく異なる単純で粗末な世界観しか持たないものとして、彼らを軽蔑できないということがいまや明らかになったと思う。第二に私たちが扱っている生物は、学習したり情況に適応する能力のない、あらかじめ決められた本能にひたすら従うだけのものではないということだ。反対に私たちが見てきた実例は、とてもそう思えないような動物でも、世界について彼らが持っている知識、彼らが行なう識別の適切なこと、また自らやお互いが学習する方法において、どれほど「私たちに似て」いるかを示している。ただし他の動物は「私たちに似て」いると見たとしても、それはおそらくごくかけ離れたものなので、自分の知的優越はまだ保たれていると言えるのかもしれない。けれども同種の仲間を個々に認識したり、未来の可能性を測ったり、自分たちの安全のために何が良いか悪いか見越すことができるのは、私たちだけではないことは明らかである。ミス・ハルシーは以前はまったくその必要がないと思っていたとしても、いまではわずかばかり足を避けてやることを納得したかもしれない。人間以外の動物が「私たちに似て」いるところはまだある。人間の場合には「選択」や「意思決定」と呼んでいるような要素も、動物は示す。信用できる協力的な仲間か、自分をだます詐欺師かという判定に基づいて、動物は同種の仲間を区別さえしているようにも見えるのだ。これがあまりに空想的で、前に危険を大いに説いた擬人化に満ちているように聞こえるならば、二つの実際例を見てみよう。一つは、動物にいくつか異なる行動の余地があるとき、どれが最良か「決定」しているように見える例である。もう一つは、仲間との損得勘定を徹底的に値踏みして、余分に取ろうと企んでいるものには、どういうことになるか思い知らせてやるというものである。これらを見れば「意思決定」や「協調」といった言葉が適当なものかどうかが分かるだろう。

最初の例は、芝生があって猫がいるような町で普通に見受ける庭で見られるものだ。庭つきの家の住人が芝生にパンのかけらを投げると、すこし離れた叢の陰で猫がそれをじっと見ている。一羽のスズメが庭沿いの塀の上に降りてきた。スズメは芝生に食物を見つける。だが、いまは見当たらないようだが以前猫に追われたことがあるので、塀に止まったまま、すぐには芝生に降りてこない。待っている間にスズメはあたりを見回し、こうしたときスズメがよく発する声で「チュッチュッ（chirrup）」と書くのがいちばん近いような、喉の奥で圧し殺した声をあげる。目を離さず庭をじっと見回しながら、短く続けて繰り返し鳴く。数分後、何羽か他のスズメも塀の上でそれに加わり、最後には群全体が降りたってパンを食べ始めるが、どのスズメも一口ごとにあたりを見回す。猫は危険この上ない存在で、全員がそれを知っており、いるはずのなさそうな叢の陰から突如飛び出してくることが知られているのだ。

すべての場面が、個々のスズメにとって一連の「決定」からなっているといえる。はじめやってきて食物に目を止めたスズメは、まっすぐ食物の方へ飛んで行かない。その最初の決定は、すぐ飛んで行って大食糧源を自分のものとして確保するか、または他のスズメが加わるのをまず待っていると、食物を分けあうことになるが危険を見張るたくさんの目が集まって自分も守られるのでそうするか、である。文字通り何百の研究によって、動物はまさしく「数による安全」を見いだすことが証明されている。群の動物が多いほど、侵略者が現われても一匹くらいはその方向を見ている可能性が高くなる。他方、目が増えることは口が増えることなので、餌を取りあう競争者が増える欠点と、危険が事前に警告される利点との釣り合いを保つという問題が動物にはでてくる。この特定の庭では、以前にそこに住みつく猫と出会ったことがあるのでスズメは安全を選んだ。そこで一羽で舞い降りる危険を冒さずに、他のスズメが充分に集まるまで何度もチュッチュッの鳴き声を上げた。マーク・エルガー（Mark Elgar）はいま、オーストラリア産のクモの共食いを研究しているが、かつて動物学分野の最高峰であるイギリスのケンブリッジ大学でスズメに関する博士号論文を書いたなかで、チュッチュッという鳴き声は実は集合の呼び掛けであり、他のスズメを呼び寄せる効果があることを証明した。鳴き声の速度を高める、つまり毎分の鳴き声の数を増やすほど、呼び寄せられる数が増える。彼は鳴き声の速度はその状況のもとで知覚される危険と関係があることも発見した。彼（捕食者の代わりとしてのエルガー）が餌の近くに陣取るのに応じて、空腹のスズメはいっそう多くの鳴き声を上げて、餌に近づく前に集める仲間を増やした。

塀の上のスズメは速い調子で鳴いたので、この特定の庭では危険を冒す前に他のスズメが集まるまで待つことを、明らかに「決定」したことになる。仲間が到着しはじめると最初のスズメも仲間たちも、いつ一勢に舞い降りて食べるかの決定に直面する。ある程度の仲間が塀の上に集まると、それらは一勢に舞い降りることを決定したが、今度もまた各個体は、いつ食物を突つき、いつ猫その他の危険に向かって視線をまわりに走らせるかといった、分刻みの個々の決定事項がある。エルガーはまた、それぞれの決定はスズメがいま身をおいている詳しい状況に影響されるということも証明した。知覚される捕食者の危険性が少ない(猫や人影が見えない)ほど、他のスズメが来るまで待つかどうか悩むことなしに単独で食物を取るようである。危険性が高いほど鳴き声は忙《せわ》しなくなり、多くのスズメが集まって、食べている時によく見回せるようになる。食物の需要が高い時期、とりわけ寒い季節には餌にとりかかる前に鳴き声を上げることが少なく、多くの仲間を集めないことも彼は証明した。明らかに、食物がいちばん不足がちの時期には、スズメは仲間が多くなりすぎることの不都合さを省き、できるだけたくさんの食物を掴み取ろうとすることで、深刻な食糧問題に対処している。この場合食べるか、待って仲間を集めるかの「決定」では、食べるが選ばれるわけだ。だが気候が暖かくて暮らしやすい時節になると、スズメはずっと用心深くなる。

エルガーは、スズメは見つけた食物が仲間と分配できるかどうかについてもおよその見積りをしているらしいことを発見した。つまり、全員集まっても餌が合わせて一羽分しかないならば、他のスズメをたくさん呼び集めるのは意味がないからである。エルガーは同量のパンを、一方は数個のかけらにして、他方はまとまった一切れのままで置いてみた。かけらの方はスズメが目をつけていつものように鳴いて他の鳥を集めた。しかし一切れの方については、同じ鳥がもっと向こう見ずになり、他の鳥が現われるのを待たずに舞い降りて自分だけで食べた。他の鳥と一緒にいるのは皆で恩恵に浴するということでもあるので、発見者としては危険にもかかわらず、他の鳥と奪い合いにならないように一人占めにするほうが望ましいのだ。

これらのスズメが「決定を行なっている」という意味はこれである。それぞれが一連の取捨選択を与えられている——食べるか鳴くか、速くあるいは遅い調子で鳴くか、群を集めるか集めないか、地上で食物をついばむか危険に備えて見回すか。これらの取捨選択は、機会ごとに同じ方法で行なわれるのではない。同じスズメがある時はあることをするが、別の時には別のことをする。そしてエルガーの研究から、スズメの行動ははたくさんの異なる要素で決められることが分かった——危険はあるか、あたりの鳥の数、周囲の気温。これらは要素の一部分にすぎないだろう。餌がスズメ用の大きさに分配できるかどうかさえ、要素となるらしい。スズメはこれらさまざまの影響の釣り合いを測って「決定」を行なっているようである。ある時は危険を避けること、またある時には十分な食物を得ることに優先順位が与えられるが、概して両方の間に、不安ながら折り合いをつけることになる。以前にとりわけ足の速い猫が隠れていた草かげに視線を投げることと、食物に視線がひきつけられることのあいだに、スズメの内部でなにかが均衡を保たせている。

前にも見たように、複雑さはそれ自体で意識を意味するものではないから、スズメが合理的にまた意図して、あれでなくこれを行なう釣り合いを測っていることにはならないが、しかし以上のこともまた、人間以外の動物が人間よりも当然はるかに単純と見なすのを思い止まらせるものではある。複雑さは、もともと作りつけになっているのだ。庭における光景はほんの数分間しか続かないが、スズメはそこで生死を左右するたくさんの決定を行なった。日々の過程で戦うか否か、どの配偶者を選ぶか、どの食物を子供のもとへ運ぶかなど、他にもたくさんの決定を行なわなければならない。意識的になされているか否かは別として、異なる行為の筋道を比較してその一つを選びとることは、明らかに彼らの日常生活の一部となっている。そしてさまざまな取捨選択をするのは、スズメだけには限らない。同じことは、ほとんどどの動物のどの生活においても事実である。たとえば本当の戦いに入る前に相手の戦闘能力を評価しあうアカシカも、また渡りを前にした渡り鳥も、行為のその時点で異なる選択肢のどれを選ぶかという意味で、同様に「意思決定」を行なっている。

動物の意思決定の例として次に詳しく見るのは、それほど広く知られていない動物についてである。そのしっかりと結びついた社会構造のうちには、義務を果たす生活をしないものへの制裁とともに、過去の好意への返礼という原則にもとづいた道徳のようなものが見られる。それでは以下に、伝説とはかけ離れた吸血コウモリの生活と、彼らが相互間で行なう決定について見ていこう。

吸血コウモリはその悪評にもかかわらず、少なくとも彼ら同士の間ではかなり社会的な動物である。吸血コウモリが私たちにはかなり反感をまねく方法で、すなわち大きな動物、特に牛やロバやブタなどの家畜の血を吸うことによって食物を得ているのは名前どおり本当である。たとえば休んでいる馬のひづめに降りてきて、足のうしろに三ミリほどの小さく鮮やかな切り口をつくる。このコウモリの唾液には血液凝固を防ぐ物質が含まれているので、吸い取るというよりも舌を突き出して、傷口から流れてくるのをなめていればいい。このようにして十五分間ほど食事したあとでは、コウモリは自分の体重の四〇パーセントほどの血を吸っている。コウモリにとっては大量であるが馬にとってはとるに足らないもので、馬はコウモリを追い払おうともしないか、もしくはハエと同じ位にうるさい存在であるかのように足を踏み鳴らすだけである。つつましい量の血液(伝説のように生命をおびやかすほどではない)を得たあと、相手の皮膚に小さな傷跡だけを残して吸血コウモリは飛び去る。このまれな食物摂取の方法(たいていのコウモリは昆虫や花の蜜を食べる)がまた、社会的行動においても吸血コウモリを異例のものとしている。

多くのコウモリ類は昼間、大きなグループとなって一緒に休んでいる。その理由は暖をとるためであったり、またときには単にその洞窟が乾燥して安全なので、良い休み場所であると考えが一致したからにすぎないこともある。しかし吸血コウモリが一緒にいることには、そのほかに追加の理由がある。それぞれのコウモリには、食物を血を吸うのに適した大きな動物を見つけられない夜もある。それはすぐに深刻な餓死の危険につながる。吸血コウモリについて注目すべきこと、そしてその食習慣についての誇張された評判をいくらか名誉挽回するに違いないことには、そのような情況ではコウモリは餌を分けあうのだ。その夜幸運にも十分に食物をとったコウモリは、他のコウモリが休んでいる所へ戻って、吸ってきた血液を飢えたコウモリに与える(血液はコウモリの口から他のコウモリに口移しで戻されるのだが、この方法から、行為そのものは私たちが食べようとしていた食事をもっとそれを必要としている誰かにまわす——食物の寄付——と同じであるという事実を見失うべきではない)。コウモリはどの仲間が食物を必要としているか知っているように見えるが、しかし——これが実に興味深いところだが――たまたま空腹なコウモリのどれでも食物を与えているのではない。母親や娘といった血縁者に優先的に給餌するが、過去にずっと密接に結びつきがあった特定の非血縁者にも食物を与える。見知らぬコウモリには給餌しないし、コロニーの全部の仲間を給餌するのではない。

もちろん動物の多くの種では、しばしばかなりの犠牲を払って子孫に食物を与えるのはすこしも珍しいことではない。だがこれらのコウモリたちがするように、すこしも血がつながらない個体に給餌するものはほとんど聞いたことがない。扶養するコウモリ（食べたものの多くを譲ることで、結局その夜得たかなりのものをふいにした個体）が、他のコウモリを飢えから救うことによって得られそうな利益は何だろうか。動物は結局利他的なものだろうか。

ジェラルド・ウィルキンソン（Gerald Wilkinson）は、吸血コウモリの関係がどうなっているのか発見することにした。彼は、吸血コウモリが休んでいる高い木のうろを覗きこんで多くの時間を費やした（吸血コウモリの大群の寝ぐらの真下に立って覗いている気分は、想像にまかせておくのがいいだろう）。彼は自分の仕事場であるメリーランド大学に専用のコロニーをつくり、そこの特定のコウモリについて、どのコウモリが給餌されたりするか、密接な観察を続けた。コウモリは飢えている血縁者に給餌するが、特定の他のコウモリ、毎日隣合って停まっている「休憩仲間」にも給餌することが分かった。これらはつがいの相手ではない。なぜならもっとも親密な給餌関係は、二匹以上の雌個体の間で結ばれる傾向があったのだ。

ウィルキンソンは、給餌したコウモリが別の時には他のコウモリから給餌されることに気づき、ここから何が行なわれているかの手掛りを得た。野生コウモリについての研究から、ある夜に食物を得るかどうかは概して偶然の機会によることを、彼は知っていた。相手動物を見つけるのが特にうまくて、いつも十分な食物を得て戻ってくるコウモリがいる一方、いつも何も見つけられないものもいるということではなかった。反対に、ある夜に幸運なものと不運なものもいても、数夜後には立場は完全に逆転している。これはコウモリには相互扶助の形で給餌しあう十分な機会があることを意味している。ある夜他のものに食物を寄附しても、数夜後にはお返しが貰えるかもしれない。あるコウモリが、しばらく摂食していない仲間に血を寄附するとき、とりあえずその時点では自分自身には利益がない。十分に食事をとってきたのに、それは明らかに損をする。だがその食物の一部を失ったといっても、飢えて食物をぜひ必要としている仲間がそれを貰って餓死が避けられたことに比べると、それほどたいしたことではない。寄贈者が何を得ることになるかは、将来はじめて明らかとなる。幸運続きも結局は暗転して、食物のぜんぜん見つからない夜が続くと、いつか自分の食物を分けて餓死から救った仲間を頼りにすることができる。陰徳あれば陽報ありというわけだ。

ウィルキンソンは、コウモリが〈過去に自分を給餌してくれたコウモリ〉に優先的に給餌することを発見した。ついてない時期にどのコウモリが寛容であったかをコウモリは覚えていて、その相手に救命食料を与えたのである。彼らは過去に助けてくれなかったコウモリには給餌しなかった。特定の協調的な個体と強い相互のきずなを維持することで、吸血コウモリは特殊な食習慣からくる当たり外れ、不確実さから自分を守った。コロニーのどのコウモリも、もっとも経験を積んだ上手な狩人でも、いつでも十分な食物を見つけることはできないので、仲間が必要としたときに給餌した恩返しによって、すべてが利益を得ている。この制度をうまくごまかして、飢えたときには餌をもらうが、何もお返しをしないものは、長い目でみれば必ず罰せられることになるだろう。一度は恩恵を受けても、次の空腹の時に他のものが餌をくれないので死んでしまうだろう。自分がたくさん得たとき他のコウモリに給餌することは、将来さらに厳しい時に備えた保険となる。「友情はいつも使えるように手入れしておけ（keep your friendships in good repair）」という古いことわざは、それなしでは絶滅してしまうこれらの動物にとって、純然たる実践的な事実である。

この吸血コウモリの協調の例は、動物の間にかなり広く見られる現象の端的な場合にすぎない。一個体が単独で達成するよりも、他の個体と相互作用することによって、全体にとってさらに大きな利益が得られるという現象である。群をなして餌をとることにより捕食者を全員で見張って利益を得ている庭のスズメのような他の例も、私たちは見てきた。個々の鳥は単独でいるよりも安全であると同時に、捕食者を見回すためにしばしば食事を中断しないでもいいので、もっと速く食べることができる。それは魚の群にも、互いに鼻先のハエを叩きあう馬にも、サイにたかる寄生バエを取って食べるウシツツキ類の小鳥にも見ることができる。しかし吸血コウモリは、互いの過去の履歴を知りあっていることによって、社会的協調を新たなレベルまで高めている。過去に信頼のおける相互扶助者であることを証明したものに選択的に食物を与えることにより、彼らは社会的集団を成していることから引き出せる利益を大幅に増やしている。ごまかしをしたスズメ（食べてばかりいて捕食者を一度も見張らなかったもの）は、それがいても何も役に立たないもの、ただ餌を減らすだけで群の他の全員にとって有害なものとして追い払われるくらいのことはあるかもしれない。しかし、ごまかしをした吸血コウモリ（他に給餌しなかったもの）は生きていくことができない。吸血コウモリが進化させてきた個体間の相互認知と評定は、詐欺師は繁殖できないということを意味している。個体が仲間に給餌することから得られる利益は、他のコウモリや詐欺師にではなく、結局将来の自分自身に返ってくる。他のものが必要とするとき多く与えるほど、自分がもっとも必要とするときにも手に入れやすくなる。吸血コウモリには、非協調的なものへの「制裁」と協調的なものへの報酬のようなものが見られる。個体とその行動が、群衆のあいだから別に目立つようになってくる。現在のみが問題のすべてではなく、長期にわたる個体間のきずなも、しばらく後かもしれないが将来報いられるのだ。

言いかえれば、私たちは単純で自動的な「盲目的」本能ということから出発したのだが、それとこれほどかけ離れたものを想像するのはむずかしいということである。そうした姿はこれまでずっと動物行動のカリカチュアであったかもしれず、射ち倒されるために立てた藁人形であったかもしれないが、私はそうは思わない。私たちの動物行動に関する知識が過去三十年間に驚くほど成長を遂げ、多くのことが発見されるにつれて、動物は単純な刺激に対して単純に反応しているだけという古い見方は不十分なもので、せいぜい一部の動物が行なう少数の反応を記述しているにすぎないと理解されるようになってきた。かえったばかりのカモメのひなのような若い動物は、ボール紙で作ったごく粗末な親鳥の模型に反応する。雄のトゲウオはライヴァルと似ても似つかないものに向かって興奮する。しかしこれらは特殊な事例であり、一般規則ではないことがいまでは知られている。動物行動の詳しい研究から、それは初めに思っていたよりもはるかに複雑なものであることが分かってきて、動物行動について私たちの認識には真正の変化が起こった。この変化は比較的最近のものなので、他の分野まで広まっておらず、人間以外のすべての動物を間違いなく単純で愚かなものとして片づけようとする人々の見方には、十分に反映されていない。

そこでこの章の目的は、ありのままの記録を提供することにあった。動物行動が手の込んだもので、分かってみると研究者が予想していたよりもさらに複雑で、戸惑わせるものだったという事例を次々に見てきた。手始めは、互いの呼び声を人間よりもはるかによく聞き分けるサルの例で、人間は音波分析器の助けを借りるまでその区別ができなかった。そして結びは、互いの貸借勘定を忘れていないコウモリ。驚異的な記憶力をもつ鳥とか、苦労して集めた知恵を次の世代に伝えるネズミにも出会った。これらの例のどれ一つとして、「盲目的本能」とか「機械的」は言うにおよばず、「単純」や「愚か」といった言葉が適当と思わせるものはなかった。こうして、人間でない動物に意識のはっきりした痕跡を探し求める途上で、最初の障害はもはや除かれた。意識の目安の一つが行動の複雑さであるならば、人間以外の動物にも、少なくともまだ競技資格が残っているとしなければならない。それらは予想外の仕方で「私たちに似て」いる。たとえば他の個体の腕前を評定する、あるいはごまかし屋とは協力を拒否するなど。こうしたやり方を見ていると、彼らの背後に意識的思考が働いているから複雑なことができるという考えにどれほど抵抗しようとも、その可能性には心を開いておかざるを得ない。これまで多くの動物で例を見てきたような行動のできる生物を、ミス・ハルシーがもし踏みつぶさないようにしたければ、彼女は足をかなり脇によけるに違いない。そして足をちょっと動かすくらいのことは、それで疑いを手控えて親切にすることになるならば——つまりそれで意識のある存在、あるいはもしかしたら意識があるかもしれない存在を破滅させるのを避けられるならば——、そんなに高くつく代価ではないだろう。

そこで、この章で私たちが見てきたような動物行動に関する証拠を目の前にして、ミス・ハルシーは実際に足を避けてくれたと考えておこう。人間以外の動物は、そんなに言葉を尽くして彼女にそうしてくれと頼んだわけではないが、とにかくそうしておきましょうと思うくらいには、動物が「彼女に似て」いることを、彼女は動物の行動によって十分に納得させられた。あやうく踏みつぶしそうになった動物の内側にある心が外側に表われたしるしを、彼女は認めたのだと考えている。しかし次なる疑問が、私たちのいちばんの難関なのだ。彼女がそうしたのは正しかったのだろうか、それとも行動の複雑さが意識ある心の働きを意味しているという彼女の仮定はもっともなことではあるが、実は間違っていたのだろうか?

3
ハチにもできる

シマウマ

……暗号の送信は、理屈できちんと片づく仕事だった。言語なんかとはなにも関係のない交信の問題だった。一方あの「さよなら」は、単に上っ面の言語学上の飾りにすぎなかった。

フレッド・ホイル『暗黒星雲』

意識は複雑な行動をもたらすことがある。しかし複雑な行動は、もちろん必ずしも意識から起こるものではない。思い出してもらえば、これが前章の出発点だった。しかしどうも議論が逸れて、筋道が曖昧になり、動物行動は複雑だから、それゆえ動物には意識があるかもしれないという話になってしまったようだ。これは誤りである。第2章では、実はそんなことを主張したわけではなく、まあ「小手調べ」にすぎないので、意識があると確かに私たちが知っている唯一の存在［人間］の行動と、動物の行動はひどく違う、それゆえそんな動物に意識があるとはとても考えられないという理由から、動物が意識を持つことはないと主張したがる人々の結論に先回りをして抑えたかったのだ。うまくいっていればよいのだが。いまの段階では私が主張しているのはそれで全部であるということを、繰り返し言っておかなければならない。人間以外の動物に意識的な経験がある可能性は、要するにまだそれだけのもの——一つの可能性である。しかしこの章では、動物に達成できるさらに驚嘆すべき例へと話を進める前に急に回れ右をして、動物の「心」探しで私たちの助けとなるかもしれない証拠自体に、批判の眼を向けてみたい。

証拠を利用するそばから、それに水を差すようなことをする——こういう成り行きについては、すでに予防線を張っておいたはずだ。主張を貫くやり方としては、どうかしてるんじゃないかと見えるだろうが、動物に意識があると本当に確信させてくれる証拠に私たちが辿りつくには、これが唯一の方法なのだ。「敵から批判される前に自分で批判せよ」と言ってもいいだろう。私があえて言いたいのは、真に精査に耐える証拠だけを基礎として、動物の意識の事例を示すことにしたいということである。証拠として受け入れるべきものをまず最初に仮借なく吟味しつくしておけば、しっかりと残った一団の証拠は、結局はるかに重いものを支えてくれるだろう。

善意のミス・ハルシーがそれ以上の証拠を求めようとしない場合に、二つの別々の理由から重大な誤りに陥ってしまうことを見ていくことにしよう。話すことのような複雑な行動は、昆虫の脳のなかで必ずや複雑な処理が行なわれていることを意味すると彼女が考えてしまうならば、これは誤りである。さらに、複雑な処理は必ずや意識された自覚を意味していると考えるとすれば、これも誤っている。いまこの二つの区別があまりはっきりしなくても、どうか諦めないで。読み進めて行けば分かりますから。

ミス・ハルシーが落ちこみそうな第一の誤りから、まず始めよう。本章で特に目指すのは、動物の行動が複雑な第一印象を与えると、それは実際に複雑であり、その外見通りに動物は「賢い」、あるいは洞察をもっていると結論して、批判なしに受け入れてしまうような曖昧な考え方である。この誤りは、動物の意識経験を取り上げるときの友のようにみえるが、実は敵の一つなのだ。なぜなら最後にはその欠陥が露見して、結局証拠の力を弱めてしまうからである。このような曖昧な考え方がとり得るさまざまな形を見ていき、使える証拠から、それを除くにはどうすれば一番いいかを考えてみよう。

誰でも知っているように、見かけにはだまされやすい。手品師は私たちをだます技術の専門家で、何か仕掛けとか、日常の物理法則に合う説明があるに違いないと知っていながら、「魔術」で起こったような効果を作りだす。女の人が胴体を輪切りにされてから、またつながるなど、ありえないことは誰でも知っているのに、目の前でやられると本当にそう見えてしまう。だまされているに違いないと完全に知っていながら、私たちは目の当たりにしたことに印象づけられ、半分信じてしまう。だまされていることが明らかでない状況では、私たちはもっとだまされ易くなり、見聞きしたことをすぐ受け入れるだろう。動物が何か非常に賢いことをすると思いたがっている下地があれば、なおさらである。誰も故意にペテンを弄しているのでないならば、見たものを額面通りに受け止めて、動物が意識的に自分の次の行動を理解していたり、道義心から仲間に餌を分けたり、方程式を解いたりすると認めてなぜいけないのか？　それで何か問題があるのだろうか？　動物がやっている最後のところが人間に似て見える以上、どうも怪しいふしは不問に付して、奥に隠れている最初のところにも、人間に似た思考や感情を考えていいのではないか？

まさにそこに問題がある、そういう立派な理由がある。ある結果が何か単純な規則に従っても生ずる場合に、あえて複雑な説明をとる必要はないというのは、動物の行動とかその意識経験についても同じだ。しかしこの複雑な結果が、人間がそうした行動をとる時の「私たちに似ている」と言えるのと同じ仕方で生じている場合には、その動物に意識経験がある可能性は一段階強められるだろう。「私たちに似ている」と言ってしまうには、もっと単純な別の説明ではだめなのか、その可能性をまず除かなければならない。どちらでも問題がない、構わないと述べることは、女体の鋸《のこ》引きが魔法であっても、手の込んだトリックであっても、どちらでも構わないと述べるようなものだ。もし本当に両断されてからまたつながったと結論するならば、同時にまた既知の物理法則と生物法則にも大きな疑いが生じた事も受け入れなければならないだろう。しかしそう結論する前に、もっと単純に現に起こったことを説明できないのか、まず確かめなければなるまい。たとえば二人別々の女性と、滑って動く箱がまず準備されていれば、世界の運行について抱かれている信念の一大部分を投げ捨てるには及ばないのではないか。少なくともこれが、多くの現役科学者にとっての指導原理であり、彼らはこれをオッカムのかみそりと呼ぶ。「存在は不必要に増やしてはならない」とオッカムのウィリアム〔十四世紀イギリスのスコラ学者〕は述べた。この意味するところは、私たちはまずできるだけ単純な説明を試みるべきであり、それではどうしても間に合わないと分かった場合にのみ、より複雑な説明に移るべしということだ。動物行動の歴史には、動物にはこんなこともできるという驚異の主張をした人たちの眉つばものの話がまずあり、その後彼らの理論がオッカムのかみそりの一撃で風穴を開けられたという事例が点在している。なかでももっとも有名なのが、クレヴァー（賢馬）ハンスと呼ばれた馬にまつわるものである。

初代の賢馬ハンスは二十世紀初頭だが、その跡つぎは今もたくさん生きている。賢馬ハンスたちはサーカスやテレビショーにしばしば登場する。彼らはたいてい、数を数えたり、暗算もできるという馬か犬である。ショーの主催者や、お客の誰かが「七たす九はいくつ」などと質問する。ハンスが犬であれば、その数だけ吠えて見せるし、馬であればひづめで床を打ち鳴らす。十六回吠えるか、床を打つかして止める。観衆はすっかり驚き入ってしまう。この動物は答えを暗算したに違いない。なんと賢い。

初代賢馬ハンスは、ドイツの興業師フォン・オステン（von Osten）に飼われていた。数学の天才馬と思われたこの馬を使って、フォン・オステンはしっかり稼いだ。自分の馬の芸当を公開披露して、それはたいへん評判をよんで、ついに科学の権威の注目するところとなった。ベルリン大学の心理学研究所所長シュトゥンプ（Stumpf）教授は、この馬が計算したり、読んだり、単語を綴ったり、音楽の間合いを理解したりするという驚くべき考えに興味をそそられて、自分の学生の一人であるオスカー・フングスト（Oskar Pfungst）に真相を詳しく調べさせた。

フングストは、この馬が暗算どころか数を数えているわけでもなく、飼い主がおそらくかなり不注意に与えてしまっている合図に反応しているだろうと、すぐに確信した。問題はそれをどうやって証明するかである。フングストはフォン・オステンに、この馬の能力は注意深く制御された条件の下で研究すべきであると勧めた。フォン・オステンは、自分の馬に公称通りのことが本当にできると信じ込んでいたので、二つ返事で承知した。フングストのテストはこの馬に、飼い主が答えを知らないか、あえて間違った答えを教えられている質問を行なうものであった。この状況では賢馬ハンスは必ず間違った答えを出した。賢馬ハンスは飼い主が正しい答えを知っていて、しかも飼い主がそばにいたときだけ正解を出した。フォン・オステンは、自分で全然気がついていないのは明らかだったが、自分が正解を知っているときは、ハンスになにか手掛りとなるものを与えていた。だからハンスが七を数えるような質問をされ、ひづめで床を打ち鳴らして七回になったとき、フォン・オステンから、もういいから止めろという微妙なサインが出て、まるでハンスが自分で数えたかのような印象を与えるのだった。フォン・オステンはハンスを手伝うようなまねはしていないと強く否定し、実際、見物人には何もしていないように見えた。ハンスはほとんど感じられないほどわずかな無意識の弛緩とか、ちょっとした吐息などに反応していたに違いない。しかし手掛りはあった。フングストが、フォン・オステンが間違った答えの手掛りを与えてしまうように工夫すると、ハンスは間違った答えを示し、フォン・オステンが正解を知っていて、正しいところで合図が出ると、ハンスも正解を出した。

それからフングストは、ハンスがひづめを鳴らし始める時はいつでもフォン・オステンが、ほとんど分からないほどわずかに頭を下げ、正しい答えまで来ると同じ位わずかにぐいと頭を上げることに気づいた。ハンスはフォン・オステンの眉のかすかな動きや鼻孔の広がりといった微小な動きに実に敏感で、それだけで十分正解を読み取ってしまう。だがハンスが反応しているこれらの動きを、フォン・オステン自身は全く意識していないようだった。この話で私が一番好きなのは、ハンスが実際には計算など全然できないと完全に知っていた懐疑家フングスト自身が、ハンスが摑んでしまう手掛りを、どうしても与えてしまったことである。彼（フングスト）が正しい答えを知っていると、賢馬ハンスは正解した。ハンスは数学の天才ではなかったかもしれないが、いろんな人からかすかな手掛りを摑むことにかけて、きわめて「賢い」ことは明らかだった。

これは驚くには当たらない。動物は常に互いに手掛りを得ているし、自分の種や他種の生物からの手掛りに反応することに熟達している。実際のところ、彼らの生命はしばしばその能力にかかっているのだ。ハンス・クルーク（Hans Kruuk）はタンザニアのセレンゲティ国立公園で三年半ブチハイエナを研究したが、ヌーやガゼルやシマウマなどは、ハイエナがすぐそばを通っても全然平気でいることがあるので、非常に驚いた。しかし時によっては、はるか遠くにいる捕食者ハイエナにもきわめて神経質になって、パニック状態で逃げ走ることがある。明らかに単にハイエナがいるかいないかに反応しているのではなく、自分たちが危険にさらされているか、それどころかどの種がもっとも狙われているかさえ、ハイエナの行動の何か微妙なところが示しているのに反応するのだ。クルークは、ハイエナの餌取りには短期的な好みがはっきりしており、ある日はヌーを狙ってシマウマは無視し、また別の日にはその逆になったりすることを見いだした。さまざまな餌食動物がこの切り換えに敏感で、それに応じて行動を調整しているようであった。ハイエナがヌーやガゼルを追いかけるときは、シマウマはハイエナの意図が明らさまになる以前でもまったくリラックスしているが、シマウマが狙われる日には、はるかに油断なくおどおどしている。シマウマが用いる手掛りとしては、おそらくハイエナの群の頭数（なにを襲うかによって規模が異なる）も関係しているようだが、これだけではハイエナに対するシマウマの多様な反応を説明できない。クルークは、シマウマが何に反応しているか正確には述べることはできなかった。

言い換えれば、シマウマは自分たちがどれだけの危険にさらされているのか、あらかじめ知っているように見えた。自分たちを全然狙っていない、したがって危険でない捕食者によって、貴重な食事時間を邪魔されないようにしているようだ。捕食者が自分たちを狙っていてもいなくても、それが視野に入るたびになだれを打って逃げることはしない。脅威が真に存在する場合だけ反応するのである。しかしこのような「生死の分かれ目」には熟達が要る。とりわけ捕食者と、その相手が次に何をしそうであるかについて、詳しく知っていなければならない。非常に微妙な手掛りは、動く速さや視線の方向や姿勢がもたらしているのかもしれない。手掛りが信頼できるものである限り、生死の決定（たとえば一目散にどこまでも逃げるか、ふみ留まるか）を、その手掛りに賭けることができる。

シマウマは、ハイエナをまるで本を読むように読み取ることができる。馬は同じ技術を使って、人間が自分では気づかずに与えている合図を読み取るのを学ぶことができる。となれば、賢馬ハンスの影は、人間立ち会いのもとで行なわれるすべての動物研究に及んでも不思議でない。研究室でもフィールドでも、行なわれた多くの観察と実験には人間が姿をさらしている比率は高い。たとえば動物を調教して、ある動作をしたら報酬を与えるが他の動作では与えないようにするとき、動物は訓練者が内心どれを正解と決めているかを手掛りとするようになる。賢馬ハンスが実際には計算などしていなかった事を決定的に証明するのは、フングストにとって大仕事だった。フォン・オステンは、自分は正解を知らせることは何もしていないと心底信じていた。フングスト自身でさえ、ハンスがどうすべきかを読み取る合図は何か分からないが、とにかくその合図を、どうしても自分から与えてしまうのだ。いま話題にしているのは、画策した故意のぺてんではなく、正解を教えようとは夢にも思わず、そう努力している者がみずから陥った罠だったのである。馬や犬やチンパンジーや、ラットさえも、正しくサインを読み取れば褒美を貰ったり罰を逃れたりできるとしたら、実際よりも賢く見えるような何かの仕事をするというおそれは、常に存在する。不幸にしてこれと同じことは、チンパンジーが人間の言葉を覚えるのかどうかという長期にわたる苦い論争の中でも、起こったようにみえる。

一九七〇年代から八〇年代初頭まで、チンパンジーの「言語」能力に関して非常に驚くべき主張がなされていた。チンパンジーの何匹かは人間の手話（聾唖者に使われている）や、シンボルやサインを「言語に近い」方法で操作することを教え込まれた。それまで言語は、人間のユニークさの最後最大の砦であり、他の生物と私たちを隔てるものと見なされてきたので、これらの主張は大きな興奮を呼び起こした。道具の使用者としての人間は、もはやユニークな存在ではなくなっていた。キツツキフィンチ（小枝を使って樹皮から昆虫をつつき出す）や、ラッコ（小石を使って貝の殻をこわす）など、道具を使う多くの動物がすでに知られていた。道具を〈作る〉という点でも、人間は独自でなくなっていた。ジェーン・グドール（Jane Goodall）は、野生のチンパンジーが小枝から葉をとり除いてシロアリを巣から釣りだす竿を作ることを記載して、チンパンジーが道具を使うばかりか作りもすることを示した。しかし言語の使用者としての人間は、いまだに唯一の存在と考えられていた。ここに私たちと他の動物をはっきり分かつもの、程度でなく質的に他のすべての動物を超えた知的能力があったのだ。それゆえネヴァダ大学のガードナー夫妻（アレンとベアトリス）（Allen and Beatrice Gardner）が、ワショー（Washoe）という名の若いチンパンジーがアメリカ手話（アメスランとして知られ、聾唖者に用いられる）の一三二語のサインを習い覚えたばかりか、それらを独自のやりかたで組み合わせて、意味のある方法で、時としては斬新な方法で使っていると発表したとき、それは多くの人が人間らしさのエッセンスだと考えていた土台そのものを揺るがしたのである。そしてガードナー夫妻が、ワショーは幼児が話を覚えはじめる初期段階（九〜二四ヵ月児）に匹敵する言語能力を持っていると主張したとき、動物界には真の言語がまったくないゆえに、人間とは常に一歩下がった距離に保たれているという快適な考えは、致命的な一撃を受けた。

確かにワショーの成績は、人間言語のいろんな版を教えられた他の類人猿たちと同じく印象的である。ワショーは、まわりの人間が彼女に向かって絶えずサインを送るだけでなく、彼女がいるときには人間同士もアメスランでコミュニケーションを取り合う高度に社会的な環境で育てられ、聾唖者が使う多くの身振り、手話を使うことが出来るまでになった。「食べる」、「飲む」、「くすぐる」、「歯を磨く」を意味するサインを知っており、さまざまな状況で「開く」というサインを使った。たとえばドアを開く、箱を開く、蛇口を開く、という具合に。またいくつかのサインを、物事の一般的なカテゴリーを表わすのに正しく使った。たとえば本物の犬を見たときは、犬の種類にかかわらず犬のサインを示した。犬の絵や吠え声に接しただけでも「犬」のサインを示した。ガードナー夫妻はワショーがいくつかのサインを新しい組み合わせで用いて、それまで特に教わっていなかった新しい複合的な言葉を作り出す能力を特に重視し、ワショーが自分の使っているサインの意味を本当に理解しているのだと示唆した。もっとも有名な例の一つは、初めて湖上を泳ぐアヒルを見たときに、「水」と「鳥」をさす二つのサインを使って「水鳥」という言葉を作ったことである。また自分の胸にかけるよだれ掛けの輪郭を描いて、「よだれ掛け」というサインを作りだした。

ワショーはこの方面でのパイオニアではあったが、人間の言語の壁を越えたと主張された類人猿は唯一彼女だけにはとどまらない。ペンシルヴァニア大学で研究していたデーヴィッド・プレマック(David Premack)は別の技術を使って、サラ(Sarah)という若いチンパンジーにジェスチャーでなく、プラスチックのシンボルを使うことを教えた。色や形が異なるこれらのシンボルは、裏が金属になっていて磁石板にくっ付けることができ、生徒であるチンパンジーも訓練者である人間も、これを動かせるように作られていた。サラはある一つのシンボル(色も形もバナナには似ていないように考えて選ばれていた)が「バナナ」を意味することを覚え、その他にもやはり指示する対象とは物理的には全然似ていないように選ばれた「りんご」、「チョコレート」、「ジム」、「メアリ」、「サラ」その他のシンボルを覚えた。その他に「与える」とか、「入れる」という動作を表わすサインもあり、サラはこれらのシンボルを使って、板の上で「ジム　与える　チョコレート　サラ」という文を正しい語順で並べることができた。サラが作ることができた文のいくつかは、サラが単純な語順を越えて言語の階層構造の知識の領域まで、言い換えれば文法や統語規則の理解にまで達したように見えたほど、複雑だった。たとえば、人間の訓練者が「サラ　入れる　バナナ　皿　リンゴ　桶」と板に並べると、サラはそれぞれのフルーツを正しい器に正確に入れた。これはプレマックの主張によれば、サラが文の文法構造も理解でき、「入れる」という単語がバナナを桶、リンゴを皿、その両方に用いられていると知っていることを示すものだという。この命令を正確に実行できるためには、サラはある言葉が単なる語順を越えて(「入れる」はすぐ後の単語にもかかるし、文中の数語うしろの単語にもかかる)、文の他の部分にも繰り延べられることを理解したのだと彼は述べている。

こうして一九七〇年代に何匹かの類人猿が人間らしさの扉を叩き、少なくとも真の言語としての基準をいくつか達成し、ゆえに「彼ら」と「私たち」の間に残る最後の壁を突き崩したかに見えた。彼らはシンボルを使って、いまそこにある対象もない対象も、あるいはまた動詞も正確に表わすことができた。新たに発見した知識を独自の使用法に結びつけ、新しい組み合わせをつくり、言語学者が人間の言語と動物の言語の違いの一つであると主張し続ける「未限定性」または「創造性」の基準を達成したのである。サルたちは明らかに文の文法構造の基本を理解していた。それで十分ではないか？それ以上に人間の言語を定義するものがあるだろうか。（ただし「言語」の明確な定義がないので、議論全体はもっとはるかに曖昧になってしまったことは言わねばならない。それまで必要とされていなかったところに、はっきりした区別をつけようと皆が躍起になればなるほど、定義はころころ変わり続けた。人間の言語は、他の何ともかけ離れて、明らかに違うので、その違いが何なのかの詳細な基準は、比較的新しく生まれた）。

しかしそのとき、オッカムのかみそりが持ち前を発揮しはじめた。賢馬ハンス効果（チンパンジーは人間の訓練者から何か手掛りを摑むのではないか）や、チンパンジーの行動について、もっと単純だが正直に言って面白味は薄い別の解釈が顔をのぞかせ始めた。もしかしたら、チンパンジーには本当は言語能力なんか全然ないのかもしれない。もしかしたら、例の女性は鋸でまっぷたつに切られたのではなかったのかもしれない。もしかしたら、私たちが目撃したことは、飼い主のサインを読み取って行動できる賢い犬や馬の見世物に過ぎなかったのかもしれない。

もっと単純な三種類の理由がある、考慮しなければならないオッカムのかみそりの三閃がある。これらが重要なのは、チンパンジーが人間の言語を学習する（またはしない）かの問題のみならず、賢いとか人間に似た能力があるとか言われたすべての動物行動に適用できる可能性があることによる。第一は、すでに議論した賢馬ハンス効果。第二は、実験の前に予測されることをあらかじめ特定できていなかったこと（もし特定していれば、実際の結果がどれほど驚くべきものであったかが、正当に比較判定できる）。そして第三に「経験則」（鋸で切られた婦人は滑って動く箱のせいでそう見えたというように、複雑な現象に対する単純で味気ない説明）を考慮しなかったことである。これらをそれぞれ、サルの言語についての論争に関連づけて論じよう。なぜならこのことは、私たちが警戒を怠るといかに誤り易いかを特によく示しているからである。チンパンジー研究から学んだ教訓は、他の生物にもごく広く、「賢い」あるいは「複雑な」動物行動のすべての例に一般的に適用すべきものである。だからといってすでに取り上げてきたいくつかの例、たとえば餌を蓄える鳥や餌を分配する吸血コウモリの話が〈いつも必ず〉嘘だと言うつもりはない。（鳥は多くの種子の場所を本当に記憶しているのであって、匂いとかいつも同じ場所を探すなど、はるかに単純なことをして種子を見つけているのではないと証明するのに、シェリーがどれほど細心の注意を払ったかを思い出してほしい）。しかし、証拠と思われる事柄をどれほど注意深く検討すべきかを、まさにこのことが指摘しているといえよう。

あなたがびしょ濡れの毛布と冷たい水にも覚悟ができているならば、チンパンジーとその言語能力についてなされた主張がどれほど精査に耐えるものであるかを見ていこう。これが、がっかりさせる惨めな内容に聞こえるとしても（サンタクロースがいてくれたらとか魔術が本当だったらと、少なくとも半ば本気で願わない人があるだろうか）、すべては動物に意識があるという、残っている証拠をより正しく認識するためであることを忘れないでほしい。オッカムのかみそりからの猛攻撃にも耐えて生き残った証拠には、本当に重きを置く価値がある。欠点を見つけようとしたり、もっと単純な説明に置き換えようとしても、どうしてもできない場合には、それはかなり良い証拠に違いない。したがって、私たちが動物により高度な精神能力があることを示すように見える証拠に注目するときにも（次章で行なう予定）、机上の空論を組み立てているのではないという自信を相当に持つことができる。ゆえに次の数ページでのひどい興ざめも承知して頂きたいのである。

さて、賢馬ハンス効果がチンパンジー研究にどのようにこっそり侵入する可能性があるかは、多分すでに明白だろう。ワショーとサラの「言語」修得能力は、トレーニングと、トレーニングの後で要求される言語テストの全期間を通して、人間との密接な関わりに依存していた。ワショーの場合、実質的にはワショーが目がさめている間はずっと、一人または二人以上の人間と一緒におり、可能な限り人間の子供と同じように食事、入浴、遊び、勉強、全てが人間と一緒に行なわれる毎日だった。覚えたさまざまなサインをどのくらい理解しているか、どのように使えるかをテストされる時も人間が必ずそばにいた。

サラの方も、大人になってからはずっと実験室で過ごしたが、最初に引き取られたのが生後約九ヵ月、それから一年間は人間の家庭で育てられ、その後も人間との接触は非常に密接頻繁だった。テストも、人間がそばにいてシンボルを板の上に置き、サラがうまくできると褒美をあげて行なわれた。アン・プレマック（Ann Premack）はサラのトレーニングの大半を手伝った人であるが、一九七六年の著書でこう書いている。「チンパンジーを育てる人は、自分の子供を育てるときに持つのと同じような多大な期待を抱き、期待に添わなかった時は『親』の気分になって渋い顔をすることもしばしばである。……人間の子供を除けば、チンパンジーの子供ほど強い情愛を起こさせるものはいないと思う。ぱっちりした丸い目とデリケートな頭をしており、同じ年頃の人間の子供よりもはるかに機敏である。チンパンジーの子供をだっこして、震える長い腕と足で抱きつかれたら、誰だって家に連れて帰りたくなるだろう」。

したがってチンパンジーの側には、人間の身体言語について学ぶ機会がふんだんにあり、人間の側には、この若い生徒が成績がよくて「正解」行動をとることに対して、多大な期待がすでにある。不注意に手掛りを与えてしまう可能性（文字通りの不注意を意味しているのであって、故意にだますことを云々するつもりは毛頭ない）は、非常に真剣に考えるべきことである。

アメリカの心理学者、ハーブ・テラス（Herb Terrace）はこの点を真剣に受け止めた。彼はチンパンジーの子供を育て、サイン言語を教える上でのあらゆる情緒的外傷や難しさを自分でも経験した後に、客観的に見て、手掛りを大規模に与えてしまうことはほぼ確実だと結論している。テラスのチンパンジーはニム（Nim）という名で、テラスがやったこととそれまでの大きな違いは、訓練にもテストにもヴィデオを大々的に使ったことである。つまり、ニムがサインを使う能力テストのさいに人間がどう考えたかということとは関係なく、チンパンジーと訓練者の双方の未編集の記録を残しておいたので、後で何度でも見直すことができた。テラスが発見したのは、ニムのふるまいは人間の訓練者がやっている、あるいはちょうどやり終えたことに非常に依存していることだった。ただし訓練者自身は、そうとは夢にも思っていない。ヴィデオをよく注意して見ると、ニムがたとえば「抱きしめる」というサインを使った時は、多くの場合、訓練者がそのちょっと前に完全に同じか部分的に同じサインを使っていた。テラスの結論では実際のところ、ニムのジェスチャーのうち真に自発的であったり、完全にニム自身のものだったと言えるのは一〇パーセントほどで、約四〇パーセントは訓練者が寸前にやったこと、またはその時やっていることを直接まねしたものであった。

テラスの分析からは、さらにこんなことも分かってきた。ニムは「呉れる　飲む」という語順を、「飲む　呉れる」という文をなしていない語順よりもはるかに頻繁に使っており、ちょっと見たところではニム自身が「文」を作ったように見える。しかしニムは「呉れる」という語が自分の欲しいものを手に入れる卓越した方法であることをすでに学んでいた。訓練者が「ニム　欲しい　飲む?・」(Nim want drink) とサインした場合、ニムは自分が教えられ、テストされたこともあるサインである「呉れる」(give) をまず使い、その後にたった今先生から与えられた「飲む」のサインを付け加えればいいので、「ニム飲みたいか?・」という質問で始まり、「飲むもの呉れ」という全く妥当な答えが返ってくる。こうして、一見賢い会話のやりとりに見えるものも、おそらくもっと単純な説明がついてしまう。ニムが例外なのではなくワショーも、残っているいくばくかのフィルムから見ると、人間が直前にとった行動に大きく依存していたことが分かる、とテラスはさらに論じている。ベアトリス・ガードナーが「なに　時　いま?・」(いま何をする時間ですか、What time now?) と言うと、ワショーが「時間　食べる　時間　食べる」(お食事時間、time eat, time eat) と遮るところが編集されている場面を、テラスは指摘している。もちろんこれは非常に印象的に見える。だが同じやりとりを撮影した未編集のもっと長いフィルムを見ると、実際に起こったことが分かる。ガードナーが「食べる　私　もっと　私」(私にもっと食物ちょうだい、Eat me, more me) とサインを出して始まっている。その後ワショーがガードナーに何か食べ物をあげ、ガードナーは「ありがとう」(Thank you)とサインし、それから初めて「いま何のとき?」とサインした。したがってワショーがここで「食事時間」(time eat)と応じたのは、なんら驚くべきことではない。どちらのサインも一緒にいた人間がその直前に使っていて、それで食物を受け取っているからだ。

さてテラスが指摘したように、チンパンジーは人間の訓練者から手掛りを得、その手掛りを理解して、人間が使ったばかりのジェスチャーを使えば自分の欲しいものが手に入ると見抜くほどに賢いのだが、この事実は、チンパンジーが「せりふ付け(プロンプティング)」なしにジェスチャーを正確に使えないことを意味するものではない。人間の使ったばかりのジェスチャーを利用しないでも、自分が要求されていることをチンパンジーがちゃんとできるかどうかを、私たちは最大細心の注意で確認すべきである。言い換えれば、賢馬ハンス効果が働くといっても、いつも必ず働くということではないけれども、チンパンジーについてもっと驚くべき主張が受け入れられるためには、その前に除去されていなければならないのだ。

したがって、オスカー・フングストが以前に、答えを知らないかまたは間違った答えを教えられた人間がそばにいる状態で動物に答えさせる実験をして、「合図」効果を暴いたように、チンパンジーに対しても同様のことをしようという注意が集まった。チンパンジーは、「話題としている」内容について何も知らない人間とやりとりしなければならない場合に、どんなふうにふるまうだろうか。

プレマックは、プラスチック・シンボル言語に全く不慣れな人を試験者に使って、サラの賢馬ハンス効果を制御しようとした。結果は気落ちさせるようなもので、サラの成績はひどく落ちてしまった。

特にシンボルを正しい語順に並べて文を作るという、それまで出来ていたこともできないようだった。サラは明らかにランダムな語順にシンボルを置き、それから並べ換えを始めた。チンパンジーのこれらの実験に対する批判者であるシービオク夫妻（ジェーンとトーマス）(Jean and Thomas Sebeok) が指摘しているように、これはまさしくサラが実験者である人間から無意識に与えられる手掛りを探している場合に予想される行動だった。つまり、サラは一緒にいる人間に「受け入れてもらえる」並び方を見つけるまで、シンボルをあちこち動かしたのだ。

プレマックはそれからガードナー夫妻と同様、手掛りを除去するためにさらに厳しい条件を工夫した。人間が全然いなかったり、いてもチンパンジーが見ているものに気づいていなかったりして、動物の行動について偏りのない説明を与えることができる状況を準備した。ここではこれらの実験の細部にも、また人間の手掛りを本当に除去できたのか否かについてのしばしば辛辣な論争にも立ち入らないことにするが、いささか悲しい事実が現われたことだけは触れておこう。注意深く制御して実験し、チンパンジーと人間のある種の相互作用の可能性を排除することに気を使えば使うほど、チンパンジーの成績は悪くなった。たしかにチンパンジーは、ジェスチャーやシンボルと特定の対象や行動を関連づけることができるが、犬や馬も同じくらいにそれはできて、その場合すぐに「言語」というレッテルを貼るわけではない。チンパンジーは「文の構造」を知っているというさらに誇張された主張にしても、ヴィデオ・カメラの容赦ない目にさらされるとほとんど印象的に見えない。人間の側がどのようなジェスチャーをしたか（自分が何をしているか全く無意識かもしれないので、こんな方法で動物の「手助け」をしていた可能性があると指摘されたら完全にショックを受けるかもしれないが）は、チンパンジー研究のような、社会的な相互作用や、「一緒にやっていく」ことが訓練成功の第一要件であり、人間とチンパンジー双方の感情の触れ合いが計画の進行に必要であるような研究では、特に用心を必要とする。このことはすでに見てきた。しかし賢馬ハンス効果は、人間と動物が互いに接触しているかぎり、けっして完全には取り除くことができないほど極度に強力であり、かつ悪性のものだが、私たちが立ち向かうべき問題はこれだけではない。

賢い動物が人を驚かせる結果を出すやり方には、第二のもっと巧妙なものがある。それは人間の心が、実際には何も存在していないところに、自分が見たいと「望んでいる」というだけの理由から、関係と一致を見いだしてしまう異常な能力からきている。これはもちろん全然悪いことではない。進化の歴史を通して、私たち（および他の動物）はちがう出来事の間に関連を見つけることによって、利益を得てきた。たとえばある植物に触れると痒くなるとか、雲が暗くなってきたら雨が降るなどである。世界は無秩序にできているのだと考えず、これらの関連を使って起こる出来事を予想して行動をとることは、新しい環境にぶつかるたびに失敗したり、驚かされたり（そして損害をこうむったり）するよりは、明らかにすぐれている。しかしそれは、世界に対して関連を見てとり、意味を見いだそうと努力するうちで、ときには「結論に飛躍」したり、また実際には関係のない出来事につながりがあると信じる傾向があることを意味する。迷信はそのようにして育まれる。二つの出来事がある状況の下で前後して起こるのが観察されると、Bが起これば必ずAが起こるかのように人々はしばしば振る舞う。運勢が「凶」だから用心して梯子《はしご》の下を歩かないという人には、自分の歩く場所とそこで起こるはずの事件の間に、本当にそんな関係があるのかどうか、発見する機会はないことになる。

じっさい私たち人間という種族は非常に迷信的で、関連が見いだせる限り見いだそうとする傾向がある。だから実際には関連がない二つの事象が関連して起こることを推定したがる私たちの熱中（科学者もそれ以外の人と同じように持っている）を抑えるために、統計学と呼ばれる科学が発達せざるを得なかった。統計学者はP値（確率）と呼んでいる値を実験や観察の結果に用いているが、これはある特定の結果が起こったとき私たちがどれほど興奮するかを非常によく示す。三回コインを投げて三回とも表が出た場合、私たちは尋常ならざることだと考える。しかし何も仕掛けのないコインを使っても、三回とも表の確率はじつは八回に一回である。つまりそれほどたいした一致ではなく、興奮するほどのことではない。同様に、あなたと私が一緒にコインを投げてどちらも表が出た場合も、驚くべき偶然のように思うかもしれないが、じつはこれが偶然起こる蓋然性は四回に一回という高さである。

P値または興奮度を計算する統計学者の計算法では（pが小さい数であるほど、興奮しても当然なレベルは高まる）、まず他にどんな事態が起こりうるかを特定する。一枚のコインを三回投げて、結果は表が三回出たとして（表・表・表）、それ以外に七通りの出方がある。それらは、

表・うら・表、
表・表・うら、
表・うら・うら、
うら・表・表、

うら・うら・表、
うら・うら・うら、
うら・表・うら

起こり得る八通りのうち、一つが実際に起こる。したがって偶然それが起こる確率（蓋然性）はすでに見たように、1／8である。あなたと私が同時にコインを投げた時、起こり得ることは次の四通りだけである。

あなた	**私**
表	表
表	うら
うら	表
うら	うら

したがって二人そろって表を出す確率は四通りのうちの一通り。二人ともそろって表あるいはうらを出すのは、起こり得るすべての結果の半分はそうなると期待されるので、二人の結果が同じであることが、半分は起こると予想される。

このことが意味しているのは、動物行動の実験を見るとき、特に実験者がある特定の結果を極度に重視して動物の能力について何か劇的なことを言う場合、その結果が偶然だけで起こる可能性がどのくらいあるかを実験者が特定しているのかどうかを、よく確かめなければならないということだ。偶然だけでも起こる可能性が特定されてはじめて、私たちは起こったことに対してどれくらい興奮してしかるべきかが分かる。デーヴィッド・プレマックが行なったサラの実験例をとってみよう。サラが「バナナを桶にリンゴを皿に入れる」と指示されたとき適切に行動できたから、サラは文がもつ階層的な文法構造を理解したのだとプレマックは主張した。サラは果物とその入れ物の両方について選択肢が与えられていたが、テラスが指摘したように、サラはある一種の行動（一つのテストの間中、果物をある種の容器に入れること）だけを要求されていた。したがって明らかに、「入れる」という言葉はバナナと桶の問題と、リンゴと皿の指示の両方を指しており、それ以外は何も示すことはできなかった。言い換えれば、この実験から出てくる可能性のある結果の種類自体がきわめて限られており、観察された結果が偶然だけで得られる確率はそれに応じて高い。「入れる」という指示がいくつかの代替、たとえば「下に置く」、「ひっこめる」、「洗う」などの一つであり、サラがその中から「入れる」という語を両方の指示を指すものとして選んだとしたら、本当に驚くべきことだっただろうが。もしサラが「サラ　ひっこめる　リンゴ　バナナ　皿　入れる　桃　缶　リンゴ　箱」とか「サラ　洗う　リンゴ　赤い　皿　入れる　バナナ　丸い　皿」のような複雑な文を理解できたのなら、サラは複雑な文の構造を理解しており、「入れる」とか「ひっこめる」のような言葉は必ずしもその直後にない単語までかかり、その文の後の部分まで作用が繰り越して及ぶことを理解できたのだと私たちは考えることもできよう。サラが偶然正しい答えを摑むことができる可能性は著しく低いので、それでもなおサラが正解を摑んだのなら、私たちは大いに興奮してしかるべきである。サラがこのようなさまざまな複雑な文に対して確かに正解できるのならば、文の階層構造が変化した文の中においてさえ、どの動詞がどの目的語にかかるか、サラが理解しているという主張以外の説明をつけることは非常に難しくなるだろう。しかし前述の状況では代替的な結果が起こりうる可能性の幅が限られているので、サラが正解どおりに行動したという事実は実際には全然驚くほどのことではない。

偶然はこのほかにも、動物行動を私たちが解釈するとき有害な影響をもたらすことがある。チンパンジーが手話を使ったり、板の上でプラスチック符号を並べ換えているとき、出来上がったものはほとんどの場合は意味をなさないが、ときたま偶然に、意味がある人間が作るような文になることがある。そんなとき私たちは非常に印象づけられ、ついチンパンジーが自分の作った文を理解していると言いたい誘惑に駆られるかもしれない。しかしこれはもちろん、まったくの誤りなのだ。そんな文が消えてしまい、意味のないものばかり作り続けられたほとんどの場合はどうなのだろう。言葉やシンボルを並べた結果、いつも見事な文が出来上がるのなら、確かに私たちは感銘を受けるだろうし、受けて当然だろう。しかしほとんどの場合が意味をなさず、ほんのときたま文ができるのでは、コイン投げを続けてたまたま表が続けて出る以上に興味深いことではない。

私たちの頭脳はパターンを検出するように進化してきた。パターンがない場合にも検出しようとする。モンテカルロの誤信に陥って、無作為に投げるサイコロやルーレットの回転にも予測可能なパターンがあると信じてしまう人が大勢いるが、このことは、秩序や予測性が存在しない場合にも、それを見いだそうとする私たちの性向を証明している。チンパンジーがセッションで行なう行動のヴィデオかフィルム記録がそっくり必要な理由が、もう一つここにある。ヴィデオやフィルム記録があれば、チンパンジーがうまくやった時だけを取り上げ、意味のないことをやった時は無視してしまいたい誘惑に抵抗できる。チンパンジーの行動に驚くべきことがあるかどうか判断するための統計の基礎が与えられる。ワショーは「水」と「鳥」というサインを別々に出したことがどのくらいあり、したがって二つのサインを一緒に出す場合は（「水鳥」あるいは「鳥水」として）、どのくらいありそうか？アヒルや白鳥を見たときにワショーが「水鳥」のサインを出したのは、どれほど信頼度があったのか。これらは私たちが絶対に答えの分からない問いだが（一九七〇年代には持ち運び容易なヴィデオ・カメラはまだ実用化されていなかった）、サルの知能について結論を出しすぎてしまわないうちに、答えるべき質問の性質を浮き彫りにしておく実例として役に立つ。サルに知能がないとは言わないが、類人猿の知能を示すためにはレディー・ラックがみずからしゃべりだす以上のことを、類人猿がやっていることを確かめなければならない。賢馬ハンス効果とともに偶然の結果も、私たちが扱っているものが確実と言うためには、除いておかねばならない。そう言える場合も非常に多く、そのときは私たちは自信をもって進むことができる。しかしそれを見ようともしなかったら、オッカムのかみそりによる単純な二つの攻撃に弱味を握られてしまう。動物行動の複雑さと信じていたものが、動物が人間から手掛りを摑んでいたせいに過ぎなかったとか、確率の通常法則によって偶然に同時に起きたに過ぎないと判明した場合には、とりわけ悲劇である。しかしこれら二つの可能性を除くようにあらゆる用心をした上で、さらにオッカムのかみそりの第三撃に見舞われて、より以上でないにしろ同じくらい見事に事実を説明してのける別の単純な見方があると判明したら、やはり手痛い失望を味わうだろう。

この第三の部類に入る誤信の可能性は、もう一つ別の人間性から生まれる。人形、船、コンピュータ、それに山や海までの幅広い範囲の動かぬ物体に、考えたり感じたりする力があると思ってしまうことだ。またそのような物がつい生きていると考えてしまうばかりか、意識という人間のもつ資質が備わっていると思ってしまう。実際、私たちはオッカムのウィリアムがこうすべきだと述べたまさに反対を行なう傾向がある。より単純な仮説（その船は生きておらず感情もない）よりも、複雑な仮説（その船は生きていて感情がある）を立てる。意識的にそうするわけではない。車や船に意識があると本当に思っているのかと面と向かって問われれば、まさかね、とかぶりを振るだろうが、なかにはほとんど考えもしないでしばしばそういう仮定を立てる人もある。そして問題は、ある動物が何か複雑な、一見賢い行動をとっているのに直面すると、その動物行動に対する私たちの解釈に、この無意識の思い込みが忍び込んでくることだ。生物学者が、元来本質的に複雑さと、ときには意識さえ意味している用語を最近使い始めた習慣によって、問題は面倒なものになっている。たとえば「評価（assessment）」とか「意思決定」という言葉を私も前章で用いたが、これらは科学文献でふつうにお目にかかる。専門用語として使われているのだが、日常語からの借り物であるのは明らかであり、意識的な思考の意味をやはり含んでいる。付けられた注釈を見れば、生物学者たちが通常専門的な意味でこれらの単語を使うときは、必ずしも動物が意識的に仕事をしているとか、特に賢いことをしているという積りでないことが分かるだろう。言葉は同じでも、違う意味を含ませてあるのだ。というよりも、日常語でこれらの言葉の持つ色合いや劇的な衝撃性はまだ残っているけれども（動物がまったく意識なしに物事を処理しているように書かれたら、動物行動の文献はかなり味気ないものになるだろう）、それが含

んでいた意識的経験とのつながりは、すでに断ち切ったと誰もが理解しているという前提になってい
る。

だが、誰もがそう理解しているわけではないから困るのだ。だから動物が相手を「値踏みする」とか「決定をする」というとき、これらの語がもつすべての人間的な含みが紛れこみ、実際に起こっていることを認識する前に、動物が何か非常に複雑で人間に似たことをしているという思い込みが、まず立てられてしまう。もっと単純な仮説のことは一顧もされない。動物が明らかに「食糧の分配」や「ごまかしに対する刑罰」を行なっている場合、その動物の心中にあるものは、飢えた人を見て博愛主義から自分の食物を分けようと私たちが思うのとそっくり同じだと考えたり、あるいは相手をだましてより多くの取り分をかすめとろうとする行為は道徳を踏みにじるものだと考える私たちの感覚に匹敵するものを、動物も共有しているとつい思い込んだりする。

生物学者もしっかり分別を持って考えている時には、このことに十分気がついているので、このような言葉を使えば劇的な効果を出せるがゆえに使い続けようとする一方で、自分はその意味内容から距離を置き、多くの動物は「経験則」に従っていることを明らかにしている。経験則とは動物行動を支配する単純な法則であり、不必要な複雑さの含みは切り離され、動物が反応している実態を記述するものである。たとえばある動物の雌が各雄のなわばりを次々に訪れた後で、そのうち一匹の雄とだけ交尾したときに、雌が雄の「値踏みをした」（各雄の価値を複雑かつおそらく意識的に評価することを意味する）と表現することは可能かもしれない。しかしその雌の経験則は、ただ単純に「最も長い尾をもつ雄と交尾する」とか「最も声の大きな雄」であったと判明するかもしれない。そこで意味され

ているのは、尾の長さや声の大きさなどに反応するある仕方を雌が持っているということで、これだけならどちらも比較的単純にできることにすぎない。もしも雄の資質の他の側面（健康、活力、シラミその他の体外寄生虫がたかっていないこと、他の雄と闘って勝つ力など）と尾の長さに高い相関性があれば、雌は雄の遺伝素質に関して複雑な「値踏み」をしていると生物学者は主張することもできるが、同時にその雌が「尾の長い雄と交尾する」という経験則に従ったのだと言うこともできる。

あるいは、ある動物が食べるか飲むかの間で「決定を行なった」と描写されるかもしれない場合、ここにもまた、さまざまな行為の流れから起こりそうな結果を複雑（かつ意識的）に比べる含みがある。しかしその経験則は「物質Xが血中濃度Yに達したとき食べるのを止め、飲む方に切り替える」という自動的なスイッチかもしれない。これはちょうど屋内暖房システムである温度に達したときスイッチが自動的に切れるのと同じで、全然複雑ではない。家が十分暖かいかどうかボイラーが「決定を行なっている」、あるいはオートマティック車はギア・チェンジすべき時かどうか「決定を行なっている」と言いたければ言えるのだが、このような場合の経験則はあまりに単純で、「決定」という言葉を持ち出すまでもないと知っているから、私たちはそんなふうには言わない。つい言ったとしても、ガス点火式のボイラーに意識を持った頭脳がないことは十分承知である。ただ単に類比、あるいは言葉の綾で言うだけだろう。ある側面だけから見れば、ボイラーは屋内温度がどうなのか知っている「かのように」振る舞い、その「心」で私たちの快適さと便利さをまっ先に捕えているわけである。

動物については、類比と「あたかも〜かのように」を使うと少しばかり不鮮明になる。言葉の綾は、実際起こっていることに対して微妙な思い込みを与える。日常語から借りて専門用語となった言葉である場合には、専門語としての意味内容がもとの日常の意味に戻ってしまう。あらゆる動物で経験則が働いている可能性のある大多数の場合にも、私たちは非常に無知なので、「ただのサーモスタット」とはなかなか言い切れない。それどころか動物行動の複雑さ（動物は人間がこれまで作ったどんな機械よりもはるかに真に複雑である）に直面すると、実際以上にはるかに複雑で神秘的なものという結論に飛躍しがちである。動物の身体機能について私たちは十分に分かっていないので、動物が考えて物事を行なうことからその複雑さが生まれると仮定してしまい易い。しかし私たちが見ていることが、はるかに単純な経験則では説明できないのかどうか、まずもって確かめないと、動物が本当に何をしているのか（この複雑さの原因となりうる心を動物が持っているかもしれないと思わせるあらゆる意味も含めて）結論を出すわけにいかない。ホルモンのレベルのスイッチが働く、あるいは尾の短い雄よりも長い雄に対して雌の反応が大きいという説明は、特定の雄とだけ雌が交配する現象について説明するとき「すべての雄を順次値踏みする」と表現した場合に含まれてくる意味よりも、はるかに単純である。これらの経験則は見分けるのが非常に難しいことがあり、あてにならないので、結局分かってみると全然複雑でなかったものも、何か複雑らしいと私たちに思わせてしまうことがある。

出発点として、また地に足をつける方法として、エライザ（ELIZA）と呼ばれるごく初期のコンピュータ・プログラムから多くを学ぶことができる。このプログラムは、患者の話を聞いている心理分析者の行動を模倣するように設計された。たとえばこんなふうに対話は進むだろう。

エライザ　何を話したいですか。

患者　どこから始めたらいいのか難しいですけど。
エライザ　最初に心に浮かんだことを話して下さい。
患者　一軒の家の前に庭があります。母がバラを摘んでいます。
エライザ　お母さんのことを話して下さい。

ここで認識すべき重要なことは、このようなプログラムを書くのはごく簡単だということである。BASICのような言語の実際知識がある人なら誰でも、心理分析者と患者の間の出会いをずっと続けることが出来るだろう（もっともいつまでも続くわけではないだろう、プログラムが最後にはへまをやるだろうから）。必要なのは、おずおずと会話が途切れそうになった時「最初に心に浮かんだことを話してみて下さい」など、その途切れを繋ぐせりふのストック・リスト、そしてコンピュータに「母」とか「父」などの特定のキーワードを選ばせて、「あなたの……について話して下さい」というストックされたせりふにこれを入れこむ指示だけである。このような非常に単純な経験則（数行のプログラム指示）ですら、そこに誰かいて、私たちが自分の感情を打ち明けるのを聞いているような不気味な感じになる。当然のことながら、そのプログラムがあまり単純であると簡単につまずいてしまう。「父は私が生まれる前に死んだので、父については何も知りません」と言ったのに、コンピュータが「お父さんのことを話して下さい」と答えたら、幻想は崩れてしまう。だが、それよりいくらか複雑なプログラムであれば、こんな場合も何とか切り抜けて、幻想をもっと長く保つことができよう。数行のBASICのプログラムと同様、単純な経験則でも、複雑さと心と意識の幻想をいとも容易に生み出すことを、忘れてはならない。

さて話を本物の動物に戻して、具体的にはある昆虫にしよう。英語を話し、踏んづけそうになる不用意な人たちを驚かせる架空のカブトムシなどでなく、ほとんど誰でも馴染みの本当の虫だが、これは異常に「賢い」能力があって、もっと体が大きく脳も大きければ、意識があるに違いないと考えられるだろう。つまりミツバチである。ハチは人間と密接に社会的接触をするわけではないから、犬や馬、そしてまたおそらくチンパンジーなどのように、人間の身体言語を習い覚えることで実際より賢く見えてしまうおそれはない。またミツバチ相手ならば、実験者がハチを扱っているうちに感情的に肩入れして、意識があるものと決めてかかり、統計上ずさんなデータが出るということもないだろう。だからもしハチが賢く見えるとしたら、それはある大仕事がハチにはできないだろう、それを最大限証明しようとしたのに、ハチがやってのけてしまった場合である。もし意識ありの仲間にハチが入会を許されたら、動物王国全体が入会待ちの大行列になるかもしれない。チンパンジーは非常に私たちに似ているし、犬もある点ではそうである。しかし昆虫はどうだろう。あんなに神経系もちっぽけで、本当の脳というほどの脳も持っていない。次はクラゲかキャベツというものだ！　何かのトリックか間違いにきまっている。ところがこれから見ていくように間違いではなく、ミツバチはどんな動物よりも驚くべき行動をなし遂げる能力があると分かっている。比較的単純な刺激に行動を適合させ、段階ごとの順を踏んでいく（各段階そのものはなんら驚くべきものではない）ことによって、最終的にはほとんど信じられないほどの結果となる。ハチは「言語」の断片を持っており、自分たちの世界の「評価」を行ない、著しく洗練された「意思決定」を行なっている。ごく単純な経験則に従ってそうしているのであり、このような高度な機能は必ずや意識があってこそ可能だと考える愚かな人間たちに、客観的な教訓を提供する。ハチとその行動は、見事な腕前を誇る手品師に無理やり職業上の仕掛けを暴露させたとき得られる教訓にも等しく、私たちの眼を開かせるものである。

最も広く知られているミツバチの行動は、もちろん同じ巣にいる他のハチとの間で蜜のある場所を連絡しあう能力である。オーストリアの動物学者カール・フォン・フリッシュ（Karl von Frisch）は巣の中の働きバチが特殊なダンスを通して連絡しあうことを見つけて、一九七三年ノーベル賞に輝いた。砂糖溶液の皿をハチの巣のそばに置いておくと、通常は一匹が見つけるとたちまち数分以内に他のハチが多数やってくる。砂糖を発見したハチの何かの行動が群をそこに連れて来るわけで、その何かというのは、新しい食糧源が巣からどのくらい離れているかによって型の異なるダンスである。

食物が近くにある場合は（五十メートル未満）、巣に戻ったハチは「円舞」をして、巣の中で巣板表面を垂直の方向に、最初は左、次に右に円を描く。他のハチは群がってきて、ダンスをするハチに接触して刺激を受けて巣を飛び立ち、近くを探す。ハチはどちらの方向に飛べばいいかについては、明らかにほとんど情報は持たず、円舞は五十メートル以内を探せという指令しか意味していない。ダンスをしたハチの体についた餌の匂いが助けになることはなる。それにも関わらずハチはたいてい易々と正しい場所を探し当てる。一方、食物がさらに遠くにある（たとえば百メートル以上）場合は、ダンスは輪でなく8の字の形になる。輪を描く動きの合間にハチは腹部を急に左右に振ってまっすぐ動くので、このダンスは「尻振りダンス」と命名された。このダンスは食物がどのくらい離れた距離にあるかの情報と、他のハチが見つけに行くにはどの方角を目指すべきかの情報を両方含んでいる。食物の距離はダンスの全体のテンポで示され（近いほど踊りが速くなる）、まっすぐ動くか腹を振っている間にハチが向く方向によって、方角が示される。

ハチにとって問題は、食糧自体も太陽（これがハチにとって主要羅針盤）も見えず、しばしば暗い巣の中で、ダンスをすることである。そればかりか、どちらの方向に飛んだらいいかという情報を、他のハチには水平面で伝えるべきであるのに（空中をまっすぐに舞い上がっても、まず食料は見つからないだろう）、ハチは垂直な巣板の上で踊る。したがってハチは食物を単純に指し示したり、その方向に向かって踊ったりして、食物の方向を示すことは出来ない。踊りバチは、巣から食物へ飛んで行く道（結局は太陽との相対的な方角で進路を決める）を、巣の中で重力に対する相対的な方向に翻訳しており、他のハチは巣の外に出ると、これを太陽に対する相対的な方向に翻訳し直す。つまり、餌場が太陽そのものの方向に直接飛んで行くと見つかる場合、踊りバチは巣板に対して正確に垂直方向に「尻振り」しながら踊り、食物が太陽の西四〇度に飛ぶ角度で見つかる場合は、垂直よりも四〇度左に尻振りダンスをして進む。踊りバチは太陽からの角度を垂直方向からの角度に置き換えて、太陽の下ではどの方角に飛べばいいかを、巣の暗闇の中で他のハチに伝えるのである。これが正確に行なえるという事実は、実際にハチが情報交換を行なっていることを示している。

もっと最近になって、ハチのダンスについてはさらに驚くべきことが分かってきた。ハチが踊る活動力と激しさはいつも一定でなく、そのハチが見つけた餌しだいで強度が異なることは、すでに言っておいた。たとえば食物が非常に乏しいと、比較的少ない量の砂糖や花蜜でも活発にダンスするが、同じ量の食物でも、他に豊かに食糧源があるとそれに比べて特筆するほどではないので、ダンスはおとなしいものになる。言い換えればハチは、自分たちの食糧源の量ばかりでなく、他の場所に比べてそれがどれほど優れているかも知っているのだ。他の働きバチが訪れた餌場のありさまを、どうやって知るのだろうか。自分で多くの場所を訪れて直接比較しているようには見えない。フォン・フリッシュが一匹ずつハチにペンキでマークをつけたところ、ほとんどのハチは自分が見つけた食糧源の場所でいつも働いていて、その間に他の場所がどうなっているか見に行く中断はないことが分かった。それでもなぜかハチは、環境のうちでもっとも豊かに食糧のある場所へ集合する。これは、どこが最もよいかという場所の比較情報のやりとりが、なんらかの形でハチたちの間で行なわれることを意味してる。

フォン・フリッシュの同僚であるマルチン・リンダウア（Martin Lindauer）は、この情報交換は調達バチたちが収集に出かけている間、巣の中にとどまっている「受け取りバチ」が仲介して行なわれることを示した。このようなハチはさまざまな餌場から戻ってきた調達バチから食物を受け取るので、さまざまな場所での砂糖の量を比較できる立場にある（青果商人が全国産のリンゴを受け取って品定めするのに少々似ている）。糖分の多い食糧を豊富にもってきた調達バチは、すばやく積荷を下ろされるが、少しばかり花蜜をもって帰ってきたものは受け取りバチからあまり相手にされないので、持って帰ったものを受け取ってくれるハチを探さなければならないようだ。食物が良いほど、調達バチは速やかに荷を受け取ってもらえる。調達バチは受け取りバチからの反応を明らかに感じ取っている。なぜならその後で調達バチが行なう食物についてのダンスの傾向に直接影響が見られるのだ。たとえば四十秒未満で受け取りバチが食物を速やかに受け取ると、調達バチは巣板の上でダンスして、「私が」見つけた場所へ他の働きバチを赴かせる傾向が非常に強い。しかし受け取りバチがなかなか見つからず、引き受けてもらうのに百秒以上もかかってしまうと、引き受けたその調達バチはダンスをしない傾向がある。受け取りバチは他の場所に行った多くのハチの相手をしているため、あるハチが見つけた餌場がたいしたものでなければ、お座なりの反応しか示さずに、もっと別の場所へ行った方がいいよということを上手に伝える。このシステムは明らかに、個々の働きバチが最も価値のある場所で食糧を集めるのに役立っている。巣に運ばれる花蜜が豊富であるほど受け取りバチの選り好みは激しくなり、値打ちのある花蜜を持ってきた働きバチだけから荷を受け取り、また帰還したばかりの調達バチは、自分がそれまでに見つけることのできた場所よりも花蜜が豊富な別の場所に赴く傾向が高い。しかし調達バチは受け取りバチの反応をこのように利用して、食糧が豊富なときには無視するようなわずかな食糧源でも、食糧の乏しいさいには確保する。食糧の乏しい状況では、わずかな花蜜を見つけた調達バチも速やかに荷を受け取ってもらい、労をねぎらわれ、激しく踊って、あまり豊かではないにしろ現在の「限られた選択のうちでは最善」の食糧源であるところへ行って集めてくるように他のハチを促すのである。

さて私たちは、食物がどこにあるかハチたちが互いに「語り」合うとか、どこの場所が最善かをハチは「知って」いるなどと言って、意識的に知る、意識的に考えを伝えるという含み（私自身は極力避けようとしてきた）のある用語を使って、以上すべてを描写することもできる。だがハチが用いている経験則はもっとはるかに単純だ。それらは「糖濃度が低いものよりも高いものに反応する」とか、「荷おろしにかかる時間に比例させた長さで踊る」などというものである。しかもそれでもそれらが結びつくと見事に調整されたシステムになり、それでコロニーがもっともよい食糧源のありかを「知る」、花が新たに咲いたり枯れたりするにつれてどこが花蜜の穴場になるかを追跡できる、というような印象を与える。このシステムを支配する単純なルールを発見していなかったら、私たちはこのシステムに対して、許容できる以上のものをそこに読み取りかねなかった。そしてもしこのような行動をとっているのがハチでなかったならば、解明にこれほど手間暇かけることもなく、実際以上に複雑なものと考えてしまったかもしれない。

ある意味では（無論、専門的な意味だが）、ミツバチが多くの食糧のありそうな場所から、自分たちに利用できて実質的にもっとも利益を得られる場所はどこかを評定しているところは、環境の「評価」を行なっていると表現できるかもしれない。そしてまた「評価」という語をハチに使うのが、他の動物に使うよりも適当であるとは言えないまでもそれと同じくらいには適当であるような局面はほかにもある。ミツバチの巣が一つの集合体として、一見民主主義が働いているかにも見える「決定」を行なっているように見えるのもそれである。

ミツバチのコロニーは巣分かれによって増えていく。これは女王バチが大勢の働きバチを引き連れて飛び去り、新しいコロニーを形成するものだ。働きバチと、先行き女王になるまだ若い処女雌バチたちが後に残され、それらの雌バチから新しい女王バチが確かに誕生する。女王バチが出発する前日には、巣の中の活動に際立った変化が見られる。働きバチたちは特別の女王バチ用の部屋としてハチ蠟で出来た小さな凹みをこしらえ、女王はそこに次世代の若い女王になるかもしれない卵（二十個ほど）を産みつける。これらの卵から孵化した幼虫を、働きバチは特製のロイヤルゼリーで育てるが、それがやがて彼女らが働きバチではなく女王になることを決定づける（女王バチたちも働きバチたちも雌であり、将来どちらになるかは幼時期に与えられた食べものでおおむね決まる）。同時に女王バチ自身も体重が減る。女王バチは働きバチからだんだん食物をもらえなくなり（それまでは女王バチは働きバチたちから絶えず世話を受け、注目を浴びていたのに）、絶えずゆすぶられ、ぶたれる。働きバチたちは女王バチを前脚で押し、ゆすぶる。そのせいで女王はコロニーの回りを移動し続け、エサが減り無理に運動させられた結果、体重は最後には二五パーセントも落ちてしまう。最初の若い女王が孵化すると、古い女王は働きバチの約半分を連れてコロニーを去って行き（強い活発なコロニーであれば一万から一万五千匹いる）、近くの木に群を作る。この時点では女王と女王の引き連れた群の先行きは決まっていない。古巣から離れてしまったが未だ新しい家はなく、そこでもっとも不思議な意思決定の過程が始まる。

ハチの群は木にぶら下がって、まるで生きている奇妙なあごひげのように見える。群の大移動という一大イベントの前までは、巣のために食糧を調達していた働きバチのうち一部がこの群から飛び立って、まわりの環境を探り始める。それまでは明るい色の花や、花蜜や花粉の匂いに引きつけられていたのが、今度は木の幹の穴や割れ目や岩のほら穴のような暗い場所を探す。いま彼らが探しているのは、コロニーが新しい家を作るのに適した場所である。

一匹の偵察バチが手ごろな穴を見つけると、そこで一時間も時間をかけて穴を系統的に調査する。ハチは穴の外観を見たり、穴の回り全体をうろついて、明らかに目で見て穴を検討する。しょっちゅう穴の中にも入って歩きまわる。初めは隣の入口の近くまで、それから距離を延ばして、最後には穴の中全体を歩きまわる。エール大学のトマス・シーリー（Thomas Seeley）はこの行動について特に研究してきたが、彼は一匹のハチがこのようにして総計五十メートルは歩くと推定し、また、回転できるように作った人工の筒型の巣（一種の踏み輪）の中でハチを歩かせて、その穴は一周どのくらい歩かなければならないかを調べて穴の体積をハチが推定すると述べている。

ある特定の穴がミツバチ・コロニーの隠れ家として適当であるかどうかはそう単純ではないように見える。ハチが自然に選ぶ場所の特性を調べ、またいろいろな性質をもつ人工的な「巣」を与えてみた結果、理想的な穴は、(1)体積は十五から八十リットル、(2)入口は南向き、(3)入口は七五平方センチより小さくて穴の底の近くにあること、(4)地面から数メートルの高さにあること、などが分かった。これらの特性のほとんどは、人間が飼育バチに提供する巣でも見られるが、もちろん人間がいままでやってきたことは全部、ハチが野生で自然に要求するであろうことの模倣である。

ともあれ偵察バチが長い視察を終えて、その穴が上記の基準のいくつか、あるいはすべてを満たすと分かると、木にぶら下がったままの群に戻り、巣の場所についてダンスを始める。このダンスの形は餌場についてコミュニケーションするための尻振りダンスとまったく同じであり、8の字の中の直線的な「尻振り」部分によって巣の場所の方向を知らせる。巣の場所が適切であるかどうかはダンスの激しさで表わされ、すべての基準で理想的な家になりそうな穴の場合は約一時間半もダンスが続くが、それほどよくない穴の時はのろのろと踊るだけである。

二ダースにものぼる偵察バチが、それぞれ見つけた違う場所について「報告」に戻り、コロニー全体としては一度に多くのちがう場所の情報が届くことになる。しかし偵察バチは他の偵察バチのダンスにも敏感で、それに応じて彼らの行動を変え始める。一匹の偵察バチが、良い家の基準をいくつか満たすが全部は満たさない穴を見つけてそこそこの速さでダンスをした後、「掘り出しもの」を見つけた別のハチが興奮してダンスをしているのに出逢うと、そちらの場所を調べに出発する。もしその場所が前評判どおりに優れていれば群に戻ってその場所についてダンスをし、自分が最初に見つけた場所から新しい場所に鞍替えする。他の偵察バチは特定の場所について激しくダンスをしている複数のハチと接触し、やはり視察に飛び立つ。自分たちが見つけたどの場所よりもそこが優れていれば、やはりそこについてのダンスを始める。そうでなければ自分が見つけた場所を示すダンスを続け、他のハチがそこへ視察に行くように仕向ける。

偵察バチは視察やダンスを繰り返してから、どこか欠点がある場所についてのダンスは徐々に止め、本当によい場所を支持するようになる。二ダースほどあったそれぞれ可能な候補地が二、三ヵ所のリストに絞られ、最終的にコロニーにとって最善の場所はどこかについて合意に達する。そしてその場所に移動する。この行程がうまくいく鍵は、自分が見つけた場所よりも優れた場所があれば喜んで他のハチが見つけた場所を支持する点である（人間のやりとりでもそうであれば、どれほど効率がいいことだろう！）。その結果、コロニーはその地域でおそらく最善の場所、少なくとも偵察バチの大多数で評定された場所を「選択」する。この決定は終わるまで数日かかることもある。個々のハチによる各場所の品定めが非常に徹底的で、しかも五百匹ほどの偵察バチがさまざまな可能性を比較してから多数決の結論に達するからである。この間ずっとハチの群は木にキャンプし、その後決定が行なわれると偵察バチに新しい家まで案内される。シーリー（一九七七）が述べているように、「したがって巣の場所の選択過程は何百もの偵察バチと数ダースの候補地と、またおそらく偵察バチによる何千回にのぼる個々の決定とが関与したあげく完了する」。異常なまでに複雑な結果が、それ自体は多分とても単純な経験則によって達成されている。一匹の偵察バチが巣穴の内部を歩き回る。その動作にどのくらい時間をかけるかが、群に戻ってからのダンスの激しさに関係する。他の偵察バチと比べてのダンスの激しさは、他のハチがどの場所を視察に行くかなどに影響する。その地域で最善の場所をコロニーが決める最終結果はコンセンサスによるが、その効率のよさと正確さは人間も羨しく思うほどである。それはまた見たところあまりに複雑なので、最善のものを合理的に選ぶ「心」が背後にあるに違いないように見える。

しかしそうではない。各段階は何の思考も必要としない単なる自動的な反応であってもいい。単純な経験則が自然選択によって集められて、適切な時に活性化されたもの（コロニー建設中は花を探す、巣分かれの時には小さな暗い穴を探す、まず探してそれからダンスをするなど）によって、ミツバチのこれらの行動例はすべて説明できる。少なくともハチの例は、動物行動が複雑であり「意思決定」だの「評価」だのといった「心が関係する」言葉を使っても表現できるというだけの理由から、専門用語による記述以上の何かがあると正当化してしまうことに対して、強い警戒心をかきたてる。ミツバチは手品師と同じように、私たちの目の前で起こったことに疑いの眼を向けさせるものである。しかしこのことはさらに大きな困難を引き起こす。経験則によって説明できることならば、すべてその奥に意識などありえないと言えるのだろうか？　あることの作用する仕掛けが分かったならば（たとえばハチは歩いた距離によって容積を見積っているなど）、「心」は排除されることになるのか？　どうしてそれが起こっているか私たちが全然理解できない間だけ、その動物が思考や概念や主観的な経験を持つと考えることが許されるのだろうか? オッカムのかみそり(賢馬ハンス効果と、統計的な誤りと、行動の経験則)で動物の達成したことを細かく切り刻んでみたら、彼らは思っていたほど賢くないかもしれないといって、彼らには意識がありえないという結論に達してしまうのだろうか。

ここでもう一度、読者に辛抱を願いたい。底に隠れているメカニズムの複雑さ(いまの場合は「賢さ」)と、意識の証拠となるべきものの関係という問題に、私たちは最後には直面しなければならないだろう。これらの問題が、いまこの時点で強力にわき起こるという事実は、意識問題のパズルにまつわる様々の複雑さを、まだこれからどれほど仕分けしていかなければならないかを、強調するものにほかならない。これまでのところでは、複雑な行動に見えるものも実際は比較的単純なメカニズムや経験則から起こっていて、それらに従っているだけの動物が自分の行動を意識的に考えていると推定したり、それどころかその行動の底にあるメカニズムが特別複雑なものと思ったりする必要はないかもしれない、と指摘したにすぎない。きわめて単純なメカニズムで間に合いそうな例を、いま実際に見てきた。とすれば私たちの次の課題は、動物が自分の行動について「思考」した結果その行動が生じたようにみえる場合を取り上げて、証拠を探すことである。しかしもし証拠が見つかっても、「意識」と「思考」を同じものと扱ったりしないように注意しなければならない。なぜなら思考に近いものが、必ずしも意識的な心によって経験されずに行なわれることもあるのだ。

これが奇妙に聞こえるなら、ある種の精神活動が読者の脳の中で行なわれていたには違いないが、何が行なわれていたのか自分で意識していなかった多くの場合を考えて見よう。自分でも知っていると思っていなかった詩を暗唱したり、文法規則（言葉の正しい使い方）を特にそれと意識せずに使ったりできることが例に挙げられるだろう。これは実際奇妙に聞こえるが、思考は意識の一つの表われでありうるにしても、私たちは考えることをすべて意識してやっているわけではないと結論せざるをえない。これの意味するところは、もし動物は思考できると示すことができたとしても、意識があってそうしたのだと示す目標まではまだ届かないということである。しかしこの方向に、私たちはいくらかは前進してきたのだと思う。動物は「思考」できるものであり、あらかじめ設定されている経験則にただ盲目的に従っているだけでないことが示されれば、私たちは少なくとも正しい道を歩んでいることになる。いわば最終レースはまだ走り終わっていなくても、予選は通ったことになるだろう。

「思考」は、（「意識」があるという状態と比較すれば少なくとも）相対的には定義はしやすい。ロックフェラー大学のドナルド・グリフィン（Donald Griffin）は動物の意識の問題に科学者たちを直面させるのに大きな影響力を及ぼしてきた人だが、思考とは対象または出来事の内部映像または表出に気づく過程であると見なしている。彼にとってはこれは、動物が自分の向き合う外部状況に対してある種の内部表出をもつこと、または記憶や将来の状況への予想を持つことを意味する。思考によって、二つまたはそれ以上の表出が比較され、また起こりそうな結果の評価にもとづいて、次に何をなすべきかの選択決定がなされる。

そこで、思考するという語によって私たちが意味するものの可能な一定義は、人間や動物が世界の内部表出を持つばかりでなく、そのような表出に対してある種の内部操作——たとえば一つの要素を変化させたらどうなるか——を行なうことが出来ること、そして変化したこの表出に従って適切に行動できることである。経験則と真の思考との違いはこの点にある。つまり内部でやってみることによって思いがけないことを予測する、「一手先を読む」力である。それゆえ思考とは、非常に多くの違う行動の道筋が与えられていて、それをいちいち実際に試してどれがいいか調べるよりも、前もってどの行動をとればもっともいいか見る方がはるかに速いし安全であるというような動物に現われる可能性が、もっとも高い。いろいろの状況の下でどう行動すべきかについて、長くても単純なリストしか持っていない動物（「小さな穴があれば中へ入れ」とか「突然影が見えたら逃げろ」など）には、世界の内部モデルに頼る必要はない。すべてあらかじめ処方済みなのだ。しかしあらかじめ設けられたリストを越えて、思いがけないことに対処できる動物は、取りうるいくつかの行動のうちで、どれなら引き合うかを見てとる能力があることを示している。経験則からは、どうしたらいいか告げてもらえない時でも、適切な（有益な）行動が可能になる。だからこそ動物の「心」の探求においては、それより単純な説明の可能性を除いてしまうことが非常に重要になる。ある動物の行動がすべて一組のルールに従っているのならば、その動物に心があるか、「考える」ことができるかと疑ってみる理由はない。しかし動物が新しい状況に直面して、課された問題が複雑であり、またその行動の実行に他の困難が紛れこんでこない場合に、自分がどうすべきかと見てとることができるならば、その動物は本当に「考えて」いると示唆したくなっても許されるだろう。

さてここで一息入れてもらうとして、いままで行なわれた昆虫研究はすべて、昆虫は経験則を大いに取り入れているものの、真の思考をする能力がないことを示唆している（私はあえてハチが「地図感覚」をもつとする研究をここに含めた。これらの研究は他の可能性を必要とするほどのものとは思わないからだが、しかしそれはまた別の話である)。たとえば雌のジガバチは産卵のために砂に穴を掘り、それから幼虫のための餌を穴に用意するというたいそう賢いことをする。しかしこのハチが経験則の言いなりになっていることは、明らかである。雌のジガバチは穴を掘り、最後に蓋をしてしまう前に、何度か獲物を運んで戻ってくる。ジガバチは戻ってくるたびに穴の入口の傍らに餌(痲痺させた生きた昆虫)を置き、穴の中を調べに入り、それから地表に出てきて餌を運びこむ。

フランスの偉大な昆虫学者ジャン・アンリ・ファーブル(Jean Henri Fabre)は、雌のジガバチが穴を調べに入った隙に、獲物を何センチか動かす実験をして、このハチがどれほど単純なルールに依存しているかを示した。ファーブルが研究していたコオロギを餌とする種では、通常の場合、雌のジガバチは麻痺したコオロギの触角が穴の入口すれすれになる位置の地上に置く。ファーブルが手出しをした後に穴から出てきたジガバチは、獲物のコオロギが自分が最初に置いた場所になくなっているのを発見し、コオロギを元の場所まで運ぶ。だがすぐに穴の中に埋めないで、穴近くの地表にそのコオロギを残したまま、穴を調べに潜ってしまう。ファーブルがまたそのコロオギを動かすと、ジガバチはまたそれを元の位置に戻して、穴を再度調べに潜る。ファーブルは同じジガバチに対して四十回以上も同じことをし、そのたびにジガバチはただコオロギを元の位置に戻しただけで、穴に戻ってしまった。ファーブルが手出しをやめてコオロギをそのままにしておくまで、このジガバチは一度もコオロギを穴の中に引きこまなかったが、コオロギをそのままにしておいたら、すぐに埋めにいった。この雌は経験則(「穴に近づく」「コオロギを穴の入口近くに置く」「穴に入る」「出る」「コオロギを穴の入口から地下へ引きこむ」)に従っており、コオロギの位置を変えてファーブルが一つ前の段階即ち「穴に近づく」の段階に何度でも戻るように巧みに強制した場合、しきたりから自由になることは全然できなかった。すでに穴を調べに入った事実（いやというほど繰り返したわけだが）は、まったく跡を残していなかった。

ファーブルや、彼に続いてジガバチで同様な実験を行なった多くの人々の功績は、動物を新しい状況に遭遇させたとき、その動物が「愚かしい」行動をとることを示して、動物がかなり単純なルールに頼っていることを明らかにしたことだった。この場合、新しいといっても数センチ餌食を移動するという比較的ささいなものだが、このジガバチが（そしておそらくその祖先たちも）、それまでまったく対処したことのない状況だった。ジガバチがコオロギの触角を引いて入口近くまで運んできて、それから数秒間地下に潜っている間に、ジガバチが戻ってくるまでコオロギがそのままそこにある確率は非常に高い（牛の群がコオロギを蹴散らしていくなどの大災害は別として）。それに万一牛が蹴散らしたときには、もとの位置に戻して穴をちょっと見に戻るのは、おそらくかなり適切なことである。しかし何度でもわざわざ面倒な目に遭わせるせんさく好きの昆虫学者などという存在は、自然選択のとき偶然出逢う存在ではない。ふつうならば非常にうまく機能する経験則（コオロギを運び込む前に穴がまだ無事かどうか確認するジガバチは、なんと賢いのだろう！）だが、自動的な過程であることが暴露され、ジガバチは巣に餌を持ち込む代りに、調べに入ることにむなしく時間ばかり費やすという適切でない行動をとる。

経験則はもちろん生得的な、組み込まれたものである必要はなく、習得もできる。しかし習得された経験則でも、そのルールに従って行動する動物が、必ずしも非常に賢いという意味にはならない。

訓練によってアライグマはスロットマシーンにコインを入れることが出来るようになるし、サーカスの動物はあらゆる種類のトリックをやれるようになるし、檻に閉じ込められた猫はハンドルに前足を載せると出られるということを習得する。すべて比較的単純な試行錯誤の過程によってである。スロットマシーンにコインを入れる作業をアライグマに訓練するためには、まずアライグマのそばにコインを置く。それから偶然アライグマの前足がコインの一つに触れたら、褒美に少し食物をやるということを何度も繰り返すと、コインをやるたびにアライグマはコインを確かに触るようになる。次に、たとえコインを触っても前足でコインを動かすまでは食物を与えないようにする。このトリックをアライグマが覚えたら、アライグマがコインを本当に拾い上げたときだけ食物をやる、などのようにする。単純な段階を一度に一つずつ教え、一つを覚えるまで次の段階に進まないようにすれば、好きなことをアライグマに徐々に覚えさせることができ、それぞれの段階が合わさると非常に印象的で、この動物が大変に賢いかのように見える。だがそれには、いくつかの単純なトリックをアライグマに徐々に覚えさせ、正しい順序でそれを行なわなければならないように仕向けるだけでいい。

同様に檻の中の猫も、どうやって逃げ出すかに頭を使う必要は必ずしもない。しかし慣れた動物の逃げ方は、いかにも「賢い」ように見えてしまう。猫が檻に入れられた当初は、一見ただやたらにうろついているが、やがてドアを開けるバネに偶然足がかかる。ちょっとやっているうちに毎回そのバネまでまっすぐ足を伸ばすようになり、足をそこに置けば望み通りに開くという比較的単純なルールを学習(習得)する。檻のどこかを突然模様変えしたときにも、いつも同じ手順(学習によって獲得したものではあるが)に単に従っているのでなく、どうすべきか猫が即座に理解した場合だけ、本当にその猫が行動を考えたといえるだろう。

したがって、動物がいまの経験則にただ従う以上のことをしており、それゆえたぶん自分の行動について考えているだろうと断定する鍵は、〈新しい〉状況の下でどう反応するかを見ることである。すなわち、動物自身の「生得的な」行動でもなければ学習した単純な経験則でもないものによって、とるべき行動が分かるかどうかである。自然選択と基本的な試行錯誤による学習は、それだけでも単純なルールで多くを達成することができる。とりわけ、一定していて予測可能な環境の下ではそうである。しかし予測不可能なものを扱う場合や、新しいもの（この「新しい」という言葉はその個体のみでなく先祖も含めて、その状況に似たものに出逢ったことがないという意味）に挑戦する場合に、それ以上のものが必要になる。つまり「思考」が必要になるのだ。

次章では、この章から私たちが学んできた教訓を取り上げることになる——動物は本当はそれほど賢くないのに、私たちから手掛りを得ていたり、また動物は賢ければいいと私たち自身が暗に思って欲目で見ていたり、あるいはまた経験則のおかげで適切な環境の下では一見賢く見えてしまうなど、いずれかの理由から実際以上に賢く見えることがあるのだ。だからこう問いかけよう、「本当に彼らはどれくらい賢いのか？　新しい状況に対処できて、とるべき行動を理解できるのか？　言い換えれば、動物たちは思考できるのか？」。

次章で展開する内容は、やたらに細かいかと思うと選んだものに偏りがあったり、これは入れるべきだと人々が考える多くの例を除外しているが、動物が思考する証拠は非常に乏しいという意味でそうしたのではない。たとえばイルカやクジラについては論じていないが、私はこれらの動物がなんら精神活動できないと思っているわけではない。ただ単に、どちらであると言うには、本章で見てきたような種類の証拠がぜひ必要なのだが、それが得られていないということが理由である。そして第2章で論じた吸血コウモリとスズメのような「賢い」動物の例を再度取り上げないのは、彼らが本当は結局賢くないという意味ではなく、私たちにはまだ判断できないという意味である。彼らは私が知る限りでは、自分たちの行動を積極的に思考しているのかもしれないが、現在のところ私たちはどうやって彼らが自分たちの行動を達成しているのか分からないし、分からない間は彼らを本当に考えることのできる動物の候補にとどめておき、すでに確立した例とは考えないでおくべきだろう。そこで次章で見ていこうとするのは、オッカムのかみそりの襲撃にもかかわらず、それを切り抜けて生き延び、私たちが分かる限りではいまなお真に賢く見える動物の研究である。

4 そのさきを考える

アオサギ

キングスリーはゆっくり話しだした。
「わたしが知ってる限りでは、これらの出来事は仮説を一つ立てればごく簡単に説明できます。ですがその仮説たるや、全く常識外れのものであることをまず御了解願っておきます。」

フレッド・ホイル『暗黒星雲』

第3章で見たように、私たちが「思考」と呼ぶものには二つの基本的な特性がある。まず第一に、考える主体は彼なり彼女なり動物なりの頭の中に、世界についてある種の内的経験を持っていなくてはならない。それは、思考とは外側からのさまざまな刺激に対する単なる反応でなくて、以前はそこにあったのに現在どこかに行ってしまったり視野の外にあったりする事柄を、記憶に留めていることであるという意味だ。第二には、真に考える主体であれば、新しい環境の下でどんなことが起こるかを、内的経験に手を加えてはじき出してみることが出来なければならない——たとえば、すべてが上下逆さまになったらとか、あるいは一つの環境要素だけが変化したらどうなるかとか。古典的な事例に、迷路の走り抜けを学習したラットが、その後通常の通り道の一部を塞がれてしまう例がある。動物は頭の中に留めているかもしれない（または留めていないかもしれない）迷路全体の内的経験を用いて、今度は分かれ道のどちらを取るべきか、頭の中で解決できるだろうか。もし、うまくいかないいくつかの代替ルートをまず試して「試行錯誤」によって道を発見するのでなく、正しい道をまっすぐ進むことが出来るなら、迷路についての心の表出を持ち、どの道を取るべきか考えていると表現してもいいだろう。

こうして頭の中で答えを探すというのが、この章で追うことになる問題である。私たちは、動物がこの意味で本当に考えることができるのだという証拠を探すことになる。つまり自然の本能や、前もって学習していた答えではその行動を説明できないような、問題に対する賢い解決を動物は思いつくかどうかということである。すでに見てきたように、動物は単純な解決策が存在するなら、それを選び取ることが多いだろう。食物とか承認、あるいは何にせよそれを与える力をもつ人間の訓練者がいて、それをよく見ているだけで欲しいものが得られるのなら、すでに用意されている手掛りをすかさず拾い上げる以上に、あえて複雑なことをする必要はない。困惑させる知的課題の謎に挑んだりするよりも、おそらくよほど信頼性が高い。ただしこれは前にも強調したところだが、動物が真に賢いやり方で課題を達成できないと言っているのではない。もし何か抜け穴が閉ざされていないために、より単純な解答が得られるとしたら、真に賢い動物ならばそちらを取ることを期待できるかもしれないということである。

この理由から、いま見ていこうとする事例は、人間が与えてしまう手掛りをどうやっても利用できないような研究から引用されている。言い換えるとそうした研究は、人間を完全に構図の外におく

——視野の外に、音の届かない範囲におき、できれば観察者としてさえ存在しないようにすることによって、賢馬ハンス効果を除いている。挙げる事例はまた多数の動物を使うか、あるいは少数の動物を使っていても繰り返しテストされたから、統計的にも妥当でもあろう。また、純粋な偶然が彼らの行動を導いたとすればどうなるはずだったかも、はっきり言及されている。それゆえ、私たちが第3章で議論した最初の二つの「より単純な説明」が排除されている点は、かなりはっきりしているはずだ。

しかし、動物が比較的単純なある経験則に従っているのではないかという第三の可能性の漏れをふさぐことは、しばしばあまりにも多くさまざまな除外すべき可能性があるので、かなり難しい。そのすべてに対処するために、研究の実験設計はたいへん複雑になることもあるので、実際のところを記述すると少々込み入ってくる。私は、これらが読者をうんざりさせなければいいがと思っている。望むなら結論まで飛ばしてもらってもいいのだが、私としては引き出された結論が正しいと主張するために、なされたことをすべてその通りに伝えたい。それゆえ、途中すべてを一緒に進んでもらい、より単純な説明が体系的に排除されるその手際を味わってもらいたいと願っている。

考えるということの、もっとも基本的な概念から始めよう。それは「頭の中で答えを出すこと」を扱わねばならず、それゆえ、動物がそれを行なっていることが示される方法を工夫する必要がある。頭の中で物事を処理するもっとも簡単な種類の一つは、外挿法である——動物は何かものを見せられ、それは消え去るが、ある予測できる仕方でそれが動いているとすればそれが再び現われるはずの場所の答えを出さなければならない。たとえば食物が一定の方向に引っぱられて、それから幕のうしろに隠れたら、動物は食物が消えた場所でそれを探すだろうか（これは外挿法ではない）、それとも、食物が再び現われるはずの幕の向こう端を探すだろうか（真の外挿法）。ものが再び現われるはずの場所を予想できた動物は、頭の中で答えを出す初歩的な能力を示していることになるだろう。少なくともこれが、ミシガン州立大学のジュリー・ニーワーク（Julie Neiwork）とマーク・リリング（Mark Rilling）が行なった研究の背景にある理論だった。彼らはその研究で、消したり出現させたりできる一本針の時計の文字盤をハトに示した。時計を使ったといっても、ハトにいま何時と考えさせようとしたのではない。要点は、ある決まった予測可能な動きをする刺激物（時計の針）、そしてそれが消されたとき、位置を容易に外挿できるものを与えることだった。

その実験では、時計の文字盤に十二時（〇度）から始まり、毎秒九〇度の一定速度で動く針が一本ついていた。その針は三時（九〇度）に達したときに消え、ある時間の後に文字盤上の別の場所に再び現われるように準備されていた。彼らが問題としたのは、時計の針が一定速度で動くならば、三時で消えた針がある時間の後に現われるべき場所を、ハトは解くことができるだろうかということだった。つまりハトは針が見えなくても、針を見ることができたときの針の動きから、それがどの位置に出てくるかを外挿できるだろうか？

実験のために、ニーワークとリリングは三種類の場合のどれかが起こるような手はずをとった。どの場合にも、ハトは十二時から三時まで、変わらない速度で動く一本針のついた文字盤を見た。それから第一の場合には、針は元の十二時の位置に戻るまで、同じ一定速度で進み続ける。第二の場合は、針は三時で視界から消え、その後もしそれが消えている間も同じ一定速度で動き続けていたとすれば期待される正しい時間に、四時半とか六時など、文字盤上の別の位置に現われるのを見る。第三の場合には針が三時の位置で消えて、その後同じ一定の速度で動いたとしたらまったく矛盾する時間と場所に――つまり四時半や六時に達するには時間が早すぎたり遅すぎたりする時に――出現する。

ハトには突つくキーが用意され、針が見え続けているかしばらく消えるかにかかわらず、一定の速度で動いている針（言い換えると先述したうち最初の二つの場合）がハトに示されたときにキーを突つくと、その時だけ餌が得られるように訓練された。もしハトが、消えてから予定と合わない時刻に再出現する針を示されると（第三の場合）、ハトは突ついても餌がもらえない。全く驚くべきことに、ハトはこれを学習できた。ハトが、時計の針が三時まできて消えるもの（第二と第三の場合）と、時計を一周する間ずっと見え続けているもの（第一の場合）の違いを区別できると分かっても、それなら特に驚くべきことではなかっただろう。だが第一の場合と第二の場合（針が視界から消えている、いないにかかわらず、一定速度で針が動いている）に類似性があることと、この二つがどちらも第三の場合（針は消えるが、それが再出現する時刻と位置により、見えない間予測不可能な速度で動いていたに違いない）とは異なることを認識したのは、ハトとしてはまったくたいした仕事である。けれどもハトには実際これができるようにみえた。しかし一つの可能性として、ハトは真に外挿しなかったのかもしれず、ハトはこれら三つの条件下で時計の針の動きの特定の性質を学習できただけかもしれなかった。ハトは「もし針が見え続けたら、突ついて餌をもらう」（第一の場合）、また「もし針が消えて、二秒目に時計の一番下に針が出現したら、突ついて餌をもらう」（第二の場合）、「もし針が消えて、二秒目より長いまたは短い時間の後に時計の一番下に針が出現したら、突つかない」（第三の場合）といったある種の経験則を学習したのかもしれない。これらの三つの規則により、実際には外挿できなくても正確に針の位置を外挿したかのような見かけが生じたのかもしれない。決定的なのは、課題が変化して新しい重要な要素が導入され、そのために古い規則がどれも機能しなくなった時にどうなるかである。

三時の位置で針が消え、ハトがかつて見たこともない時計盤の全く新しい位置に針が再出現した場合を考えてみよう。ハトは同じ不変の速度で動いていた針と、予測不可能に動いていた針の違いを区別できるのだろうか。ハトにはできる、というのが答えである。ハトは、隠れている間秒速九〇度で移動を続けたとするとつじつまが合う時刻に新しい位置（たとえば五時や七時）に出現した針と、早すぎたり遅すぎたりする移動によってその時間と場所に現われた針の違いを、たちまち認識することができた。

それゆえハトが知っていたのは、遅れ〔時間間隔〕それ自体ではない。観察された遅れが、針が消える前と同じ速度で針が動いていることとつじつまが合うか、合わないかであった。ハトがこのことを知るには、見えていない間の針の動きを外挿して、ある所定の時間の遅れの後に針が来ているはずの場所がどこか、答えを出さなければならない。世界について内的経験を持ち、それに対して、速度が一定という仮定のもとに動きを外挿するといったある種の変形を施すこと——、これこそ、すでに私たちが思考の萌芽を構成すると決めていたことである。

しかし、おそらく「萌芽」というのが正しい用語だろう。いつ、どこで時計の針が現われるか予測することは、鳥が物事を内的に解決するある種の能力を見せたことだとしても、堂々たる知的偉業というほどではあるまい。次の一歩は、より複雑な「思考」の証拠を探ることであり、そのためにはハーブ・テラスによるある研究に話を移すことができる。若いチンパンジーのニムを飼育して、チンパンジーの能力についてなされた驚くべき主張の多くが、有効な証拠で支持されていないと決めつけたあのテラスである（ただし彼は、チンパンジーは私たちが今までの方法で明らかにしたよりも、かなり優れた知力を持っていると確信していたことを付言しておく）。この研究のために、テラスは動物（ここでもハト）がその頭の中に「順序」の概念や考えを持つように教えられることを示す組織立てた試みに努めることにした。

ところで、ある動物が事件の起こる順序について真に思考していることを示すためには、多くのより単純な説明を、まず除外しておかなければならない。たとえば動物がしばしば同じ決まった一続きの行動をするという事実を、ただ指摘するだけでは適切でない。雄のアヒルは、時計仕掛けのような性質の求愛ディスプレイで有名である。その順序ばかりか秒刻みのタイミングまで同じに、くちばしを水にちょっと浸してから、空に向かって伸びあがるというものだ。しかし、それゆえに雄のアヒルが順序の概念をもつと結論していいことにはならない。それは鼻をかむより前にポケットからハンカチを取り出すのは、そうでない場合よりもありがちであるという観察をしただけで、人々は順序の概念を持つと結論づけられないのと同じくらい確かなことだろう。

あるいはまた、ハトが訓練の結果として四つの物体を正しい順序で突ついたというだけでは、順序について考えているかどうか結論づけることもできないだろう。実際このように訓練するのは、わけないことである。必要なものは、ふつうに使われている一個だけの突つく「キー」の代わりに、それぞれ色の違う四個のキー（実際にはハトが突つくのは発光する円盤）を並べた変形スキナー・ボックス

(これはハトが正しい場所を突つくと餌が出てくる機械)である。正しい順序で四つのキーがすべて突つかれない限り、餌は得られないことをハトに教える。ハトは、赤—緑—青—黄と突つくことを学習する。しかし四色のキーがいつも同じ位置にあるとしたら、ハトが学習できたのは列に沿って左から右に体系的に動くこと、つまり順序通りにキーを突つくことに過ぎない。この場合、一方から他方へと頭を動かし、その位置で突つくことを学習したというよりも複雑なことは何もしていないだろう。ひとたび経験則としてそれを知れば、特に賢いことは何もいらない。

テラスが行なったのは、こうして一連の動きの単純規則を使えばできてしまう可能性を除くような方法で、ハトを訓練することだった。キーの代わりに異なる色の光点をガラスのスクリーンの床に投影できるようにして、ハトがそれを突つくようにさせた。実験者は、きわめて簡単に光の位置を変えられる。ハトは光点を正しい順序(赤—緑—青—黄としておく)で突つかなければならない。光の位置は系統的に変えられるので、ハトは最初は赤—緑—青—黄を示されたとしても(これは順序よく左から右に動くことで解決される)、しかし次の回では緑—青—黄—赤が示されるが、ハトは餌をもらうためには、この場合も赤—緑—青—黄の順序で突つかなければならない。もしハトがそれを解決しても、また次の試験では青—黄—赤—緑が示されるかもしれない、等々。ハトは一時間かそこらのテストの間、こうした多くの組み合わせを見せられる。光を示す、どんな順序でハトがそれらを突ついたか記録する、ハトが正しい順序で突ついたとき餌を与えるなどは、機械によって自動的に行なわれたので、ハトの行動に人間が影響を及ぼした可能性はない。ハトは、部屋のそれ以外の場所を覆い隠した箱に入れられ、人間はその場におらず、すべてのことが完全に自動的に行なわれた。

テラスはハトに、四色が現われている位置に関係なく正しい順序でそれぞれの色の光を突つくように短時間で教え込んだ。彼は多数のハトを使い、その結果は高度に再現性があったが、彼はまだ満足しなかった。ハトがそれぞれの光のパターンを別個に学習することによって、問題の解決方法を学習していた可能性がまだある、と彼は主張した。色を四種類としたとき、示される順序としては四×三×二で、合計二十四通りしかない。ハトは二十四通りの異なるパターンとしてそれらを見て、二十四通りのふさわしい反応を学習したということが考えられる（青―黄―赤―緑は、中央右―右端―左端―中央左と突つくことを意味し、緑―青―黄―赤はまた別の突つき方を意味する、等々）。ハトが遠く離れた所からすみかへの道を見つけ出す能力から、おそらく生まれつきの驚くべき視覚記憶を持っていることは、知られている。それゆえ二十四通りの異なった経験則を学習することは、ハトの記憶力にとってかなりの大仕事だとしても、ハトの能力として知られていることからそれほどかけ離れているわけでもないので、それを自動的に除外することはできない。

そこでテラスは簡単な、と言うかむしろさらに複雑な記憶の説明を除くための実験を行なった。まず第一に、正しい順番に突つくことを求める課題でハトを訓練し、それから第二の課題を課した。これは、ハトが真に順序の概念を発達させ、それを第一の状況から第二の新しい状況へと移行させたときにのみ、解決できる課題だった。つまり彼は、動物における思考を示す本質的な要素としてすでに私たちが論じたもの――特殊に準備されていたのではない新しい状況の下で、何をすべきかその場で答えを出す能力――を使うように仕向けた。テラスは一回にハトに示す光点の色数を四つから三つに減らした。緑、赤、青だけ。しかしそれぞれの色は、四角形の場所の八つの位置のうち、どこにでも現われることができるように変えた。以前と同じくハトは、それらが示された配置にかかわらず、正しい順序（緑―赤―青）で光を突つくことを学習しなければならなかった。三十六羽のハトはこれを訓練され、彼らが見る正確な配置は試行のつど、変わるようにした。ハトは、三つの光を正しい順序で突ついたときにのみ餌が与えられることを、学習しなければならなかった。

どの鳥も、偶然よりは充分高い正確さでこの行動を学習したが、もちろんこの段階では、多くの複雑なパターンを記憶し、それぞれの場合にどうすべきかを学習さえすればよかったということもありえただろう。それからハトたちは、新たな状況を与えられることになった。ハトは正しい順序で三つの光を突つく代わりに、一つの色と二つの全く新しいパターンを、正しい順序で突つくように要求された。新しいパターンは、黒い背景の上の白い水平の線とやはり白い背景の上の白い菱形であり、どちらも鳥たちは以前に見たことがなかった。しかし正確には、正しい順序が鳥によって違うようにした。三十六羽のハトのうち半分には、正しい解決は、直線―赤―菱形、もしくは直線―菱形―青を突つくこととした。言い換えれば、色のついた光点はそれ以前に彼らが見ていた三色のうちの一色があった同じ位置にあり、新しい順序のなかでも古い順序で占めていたのと同じ位置に現われた。さらに三つの刺激物の物理的位置は規則的に変えられるので、鳥はそれらの空間的位置を学習することによって正しい順序を学習することはできないようにみえた。

他の半分のハトは、直線―緑―菱形または直線―菱形―赤のように、色の光点が以前にあった位置から見て「間違った」位置にくるような順序を学習するように要求された。ゆえにすべてのハトは、二つのなじみのない刺激物と一つのなじみのある刺激物を見ていた。すべてのハトは、どの配置で示されるかにかかわらず、正しい順序でキーを突つかなくてはならなかった。ただし一方のグループでは、以前に学習したところに位置した色光が正しい位置にある（いつもそうであった通りに緑は最初に、青は最後に突つかなければならない）のに対して、他のグループでは違う位置に色光があることになった。

テラスの推論はこうであった。ハトが最初の訓練の間に、突つかなければならない順序について考えることを真に学習したのなら、これが新しい課題にもち越されて、色光が違う位置にくるよりは正しい場所に現われるときに、新しい課題の解決がより容易になるはずだ。つまり新しい課題に取り組めるようになる前段階として、光がどの順序であるべきかについての古い学習をまず捨てなければならなかった第二グループよりも、第一グループの方が、早く新しい問題を「解決」するだろう。これに対して、もしすべてのハトが光のパターンを覚えることとしかしておらず、順序について真に考えることはなかったとすれば、どちらのグループも新しいパターンに直面しているのだから、どちらも新しい課題を等しい困難さ（または容易さ）で学習するのが見られるだろう。そこで「思考」仮説からすると、新しい課題では二つのグループの間にかなりの違いがあるはずだが、「個々パターンの学習」仮説においては、こうした違いは出てこないだろう。

彼が実際に見いだしたのは、二つのグループの間に大きな違いがあることだった。順序の上で「正しい」場所に色光があるグループにとっては、課題の正しい解決として定めてあった規準に達するのに要する試行の数で比べると、新しい課題はずっと容易であるようだった。彼らはある色光がある位置（第一、第二、第三という突つきの順序において）に来るはずということを、明らかに実験の初期の段階で学習しており、この情報を第二の新たな状況で利用していた。しかし、光点が順序通りの位置にないという状況に直面した第二グループでは、新たな状況においてこのスタート時の有利さは否定され、何をすべきかを教えてくれるものとして以前の知識を使うことができなかった。つまり実験の前半の部分で、ハトはそのときどき彼らの前に生じてくる特定の刺激物（ある試行のときの光点の列）に反応を示したのでなく、突つかなくてはならない順序という抽象的な概念に対してまさしく反応したのである。ついで彼らは、第二の課題に概念を移行させた。物理的にはどの位置［四辺形上の八つの位置］にあっても、突つく三つの順序では青が「中央」であるべきだということ、そして「最初」と「最後」ということもハトは学習していた。つまりハトは、外的世界に対する内的表出をつくっていて、これによって相当に複雑さの程度が高い普遍概念、この場合には出来事の起こるべき「順序」を新たな状況のもとで使って、どうしたらいいか答えを出すことができたようにみえるのだ。ハトが順序の概念を「理解」していた、そしてハトは突つく順序について考えていたと結論することは、避けがたいだろう。

いまや私たちは単純な外挿だけではなく、単純な「概念」と記述してもいい世界に対する内的表出の証拠を持つことになる。しかし話はここで終わらない。私たちは動物におけるさらに高度の抽象作用の証拠をもっている。こうした証拠は、いわばあえて虎穴に踏みこんで、動物は数について考えることが出来るかどうか知ろうとした人たちが集めてくれたものだ。これがいかにも大胆な行為である理由は、すでに明らかだろう。動物が「数を数える」と主張された多くの例は、動物が数や計算を真に理解しないでやっていた芸当にすぎないという意味で、いんちきであることが示されたのだ。ゆえに、真に数を数えていると証明するには、いかなる「手掛り」も除外されていることが、まず示されなければならないのは明らかである。次に求められるのは、動物は真に数を数えられるということ、または私たちが知っているような「数」の概念さえ持っていることの証拠として、どんなものなら受け入れられるかという明確な定義づけである。カナダのゲルフ大学のハンク・デーヴィス（Hank Davis）は、多くの動物の数的能力について取り組んできた人で、動物の「数的能力（numeracy）」に少なくとも三つのレヴェルがあることを近年示唆している。第一のレヴェルは単に「より大きい」とか「より小さい」とか、動物が量の相対判断をすることが出来るかどうかである。二つの群のうちで大きいほうに加わる鳥や羊は、一方の群に他方よりも多くの個体がいることを評価できるのかもしれない。しかし、それぞれに何羽（四）の個体がいるかを文字通り数えたのだと示唆するものは何もない。第二のレヴェルは、異なった数が作るパターンの認識にもとづいたある種の見積りである。たとえばハトにトランプ札の5を示し、

また2を示して、

二枚を識別するように訓練することは可能かもしれない。なぜならそれらは見た目に違っており（要素が違うパターンを作っている）、ハトは視覚パターンの違いを見つけるのがたいへん得意だからである。しかしこれも、実際には「数」の理解を必然的に伴うものではないだろう。それでデーヴィスは、「計数する」と呼ぶ数的能力の第三の規準を作った。これは動物が五は二「より大きい」こと、もしくは五個の物体によって作られるパターンは二個が作るパターンと違うこと以上に、二とか五の意味するものの理解を示すことである。彼は「計数する」の規準のうちで「真に計数する」という用語を使うのは、「数」を理解している証拠が異なった多くの状況のもとで保たれており、数の抽象概念がその場ごとの状況とは無関係であることが示される場合に限ることにしている。たとえば私たちは三回続いて鳴るベルの音、同時に示される三個の光、三番目の角を右に曲がること、三本のソーセージ、三回の経済不況、三人のおたふく風邪の患者などに、何の困難もなしに同じ抽象概念である「三」を適用する。私たちの「三」概念は、これらすべての状況にも、そしてまだ出会っていない新たな状況にも適用できるほど抽象的である。そこでデーヴィスによれば、「真に計数する」という用語を使うのはこの最後のもの、ある状況から他の状況へ移すことのできる能力によって示される高度に抽象的な能力だけに限るべきで、動物が数とは何かについてある種の概念は持っているが、異なる状況のもとで「三」の相似性を見分けるにいたっていない事例には、「原計数（protocounting）」のような用語を使うべきだという。

それではデーヴィスの用語の意味のいずれかで、動物は数を数えることができるだろうか。ここで私たちはまたしても、ありそうもない（そして好かれそうもない）ラットの例へ戻り、デーヴィスの研究室で彼とその大学院生シェリー・アン・ブラッドフォード（Sherry Ann Bradford）が行なった実験を見てみよう。彼らは、ラットが数を数えることが出来るかどうかを見る最良の機会を得るには、ラットが自然に数を数える能力をもっとも示しやすそうな状況を工夫して作り上げねばならないと考えた。ラットは夜行性の動物で、ほとんど嗅覚と触覚と聴覚によって道を探る。それゆえ人間がまっさきに考えるような視覚的な課題が、いい考えでないことはたぶん明らかである。それで彼らは、大きな箱の側壁に沿って一列に配列できる六個のトンネルのシステムを工夫した。どのトンネルも側壁に対して垂直で、入口は同じ方向に向いている。ラットは箱の一端の小さい出発口から中に放たれ、一列に並んだトンネルの入口に沿って動く。すべてのトンネルの末端には食物がおいてあり、ラットに近いほうの端には小さな自在ドアがついている。六個のドアのうち五個は途中で封鎖されていて、ラットが食物を取ろうと自在ドアを押し開けても、その先に行かれないようになっている。ラットは、封鎖にぶつからず食物に到達できるのは、六個のトンネルのうちどの一つであるかを学習しなければならなかった。

実験では合計十二匹のラットがいた。そのうち四匹では、六個並んだトンネル入口のうちで第三のトンネルが、食物の得られるトンネルであった。別の四匹では、第四のトンネル、また別の四匹では第五のトンネルがそうだった。食物はどのトンネルの奥にもあるので、ラットは匂いによって簡単に「彼ら」のトンネルを探しあてるわけにはいかなかった。また、それぞれの入口の自在ドアから向こう側は見えないので、ラットはトンネルの入口から見通して、それが封鎖されているかどうかを見ることもできなかった。しかし出発口はいつもトンネル列の左端にあったので、ラットはトンネル列に沿って「計数する」ことにより問題を解決することはできた。ラットが正しいトンネルを発見するための他の明らかな手掛りである匂いと位置という二つのものを除外して、唯一の方法が「計数する」ことしかないことを確実にするために、デーヴィスとブラッドフォードはいろいろ苦心を重ねた。たとえば第三のトンネルに行くように訓練されたラットは、そのトンネルがどのように匂うか（または見えるか）を学習したのかもしれない。たぶんトンネルを作った木材には微かに他と異なる匂いがあるかもしれないし、ラット自身がトンネルやその付近の床面に「匂いのしるし」を残していたかもしれない。そのためトンネルと床面のカバーも、定期的に取り替えられた。ある試行では「第三トンネル」のラットは、いつも通り三番目のトンネルの奥に食物を見つけるだろうが、次の試行ではそのトンネルの物理的位置を移して食物を入れないで第五の位置におき、他方第三トンネルの位置には新しいトンネルが、もちろん食物を入れておかれた。こうすれば、匂いその他の物理的特性は食物探しに役立たなくなるはずだから、こうした特性によって特定のトンネルを探しあてる傾向がもしあったとしても、それはすべて攪乱されてだめになったわけだ。

箱の裏でトンネルの位置を移動させて、出発口のすぐ近くに置いたり、箱の向こう端に片寄せたりすることも行なわれた。たとえば第一トンネルはラットの出発点から七・五センチから七九センチの間に位置することがあり、第二トンネルは二〇・五センチから九一・五センチにあるなど。六個のトンネルは、すべてくっついて置かれることもあるし間隔を空けることもあり、さまざまな組み合わせができる。これはたとえばラットが箱の端から七九センチ移動したら、見いだすトンネルの数は六個のうちのいくつでもありうることを意味する。すべてのトンネルを通過することもあるし、一つだけのトンネルしかないかもしれない。そのためラットはある距離、たとえば七十歩を走ることで、正しいトンネルが見つかると期待することはできない。正しいトンネルは必ずしもそこにはない。ラットの行動に影響を及ぼさないように、実験者はラットのうしろ（出発口の向こう）に用心してすわり、実験全体は将来参照するためにヴィデオで記録された。ラットが「自分の」トンネルのドアを開けようとすると、正解の反応として記録された。ラットがその他の五つのトンネルのいずれかのドアを押したり、触れただけでも誤った反応とされた。

この実験を進めるにあたって、こうしたすべての予防措置をとってさえ、ラットはたいへん速やかに課題を学習した。百回よりは少ない試行で、トンネル3が正解のラットは第三トンネルに行くようになったし、トンネル4が正解のラットは第四トンネルに、トンネル5が正解のラットは第五トンネルを選んだ。特に興味深かったのは、トンネル5のラットが他のグループとは異なった戦略を採用したことである。それらのラットはトンネルの列の向こう端（つまり第六トンネル）まで行ったが、これに入ろうとはせず、まるで最後のトンネルから「逆算する」するようにして第五トンネルに戻った。その他のすべてのラットは、最初のトンネルから「加算する」ように見えた。

それから、デーヴィスとブラッドフォードは手続きに多少の複雑化を取り入れた。まず、いくつかのトンネルを箱の奥壁にとりつけるようにした。そこでラットはまず側壁に沿って（以前にしていたように）走って、いくつかのトンネルを見つける、それから残りのいくつかを見つけるためには、角を曲がらなければならなくなった。トンネル4を正解とするラットは、以前通りの側壁に沿った走りで三個のトンネルを見いだしても、正しいトンネルはさらに角を曲がった向こうなので、奥まで突きあたってから九十度向きを変えねばならなかった。正しいトンネルは角を曲がったその先にあるのだ。この方式ですら、正しい位置を見つけるラットの能力を妨げることはなかった。ラットはまったく新しい場所にある場合でも、やはり「彼らの」トンネルに即座に向かった。ラットが正しいトンネルを（少なくとも1から4までは）計数する形で見つけたというのは、どうも本当のようである。封鎖されていないトンネルに直接向かうためにラットが使った可能性のある、考えうるその他すべての手掛りは系統的に否定されたようにみえるので、正しい数のトンネルを選択できたことが確からしいという事実は、ラットが嗅覚や物理的な位置とは関係のない一列中での順序関係、何か「第三トンネル」や「第四トンネル」といった概念をもっていたことを強く示唆している。この問題を解決できたことにより、ラットは数の初歩的理解——デーヴィスの用語によれば原計数の能力——を示したようにみえる。おそらくラットも、あちこちで引かれるオットー・ケーラー（Otto Koeler）の言葉を借りれば、「名前のない数を考えて」いたのだろうか。ラットは彼らの世界の内的表出をもっており、それは明らかな物理的性質を超えて、人間の数概念とそれほどかけ離れていない何らかの抽象にまでいたっているることが確かなようにみえる。この内的表出は、少なくとも新しい配置——トンネルが新しい位置に置かれたとき——の場合にこれにうまく対処することができる。ただしこのことは、ラットの「三」や「四」の概念がまったく新しい状況にも移し変えられる証拠にはならないので、私たちが真の計数と呼ぼうとするときに求められる証拠が得られたとは言えないけれども。実際のところデーヴィスが言うような強い意味で、動物に真に計数する能力があるという証拠は非常に乏しい。このことについて文句の余地のない証拠はまだ知らないが、非常に近くまでいった動物の例はある。アレックスというたいへん優れたヨウム（アフリカの灰色オウム）がその動物である。

アレックスは、非常に豊富な語彙を持っていることだけでなく、欲しいものを手に入れるために適切に英単語を使うことで注目されている。アレックスを訓練したイレーヌ・ペパーバーグ（Irene Pepperberg）は、言葉をしゃべる鳥たちの大半は自分の言っていることを理解していないように見えるが、それはなぜかをよく理解していた。その一つの理由は、人々が鳥に言葉を教えるとき、語の音とそれが表わしているものの間に関連をもたせるやり方で教えないからなのだ。たとえばオウムにとって「こんにちは」という言葉のおもな経験が、目の前に何分間それどころか何時間も人が立ち続けていて、何度も繰り返してそれを言ったというものであるならば、いったいどうやってオウムは、「こんにちは」は人々が最初に出会ったときの挨拶だと学習できるはずがあるだろうか。あるいはいちばん頭のいいオウムでも、「ポリーちゃん」が鳥自身のことを指しているのであって、犬が吠えたり牛が鳴いたりするのと同じように人間がたてる単なる物音ではないのだと、どうやって理解したらいいのだろうか。

ペパーバーグはこう考えてみた。アレックスの訓練法として、鳥が特定の言葉を使ったとき、それが彼にとって重要かつ特定の結果をもたらす（ある食物を意味する正しい語のあとでその食物をもらえるなど）ようにすれば、語と結果が関連していることを学習する機会が与えられるかもしれない。アレックスがこれを学習できたら、彼は語の意味を理解している証拠、または少なくとも正しい文脈で語を使う証拠を示し始めるかもしれない。素晴らしいことにペパーバーグは、正しく語を使うことをアレックスに教えることに成功したばかりでなく、さらに進んでアレックスに質問したり、彼から答えを得ることができた。これから見るようにその問答の中には、数の理解と直接関係しているものもあった。

ペパーバーグの訓練法は一風変わったものに見えるが、うまくいった。アレックスの止まっている止まり木のそばで、二人の人間がアレックスにはまったく話しかけず、互い同士だけで話し合うようにした。この段階でアレックスは、受動的な観察者にほかならなかった。訓練者のうちの一人が何か物を掲げて、もう一人に「これは何?」と言う。質問されている物としては、オウムが興味を持つようなもの、たとえば木の実やコルク、木製の洗濯ばさみ(オウムは嚙むことのできるものを好む)などを選ぶようにした。第二の訓練者が正しい名前を言うと、オウムの見ている前でそれが与えられ、誉められた。しかしもし間違った名前を示したら、きっぱり「ノー」と言われ、これ見よがしにそのものは持ち去られ隠された。

最初こうした会話や、物が与えられたり与えられなかったりすることは、アレックスが明らかに出来事に興味を示しているそばで、完全に二人の訓練者の間だけで進行した。しかしついにアレックスは、彼の欲しいものの言葉(または、最初のうちは正しい音に近い言葉)を示すことで参加し始めた。アレックスも正しい名前を言ったとき誉められて、そのものを与えられた。それから訓練者は会話をアレックスに向けた――いくつかのものを掲げて、アレックスが正しく名前を言えばそれを与え、もし間違えたら「ノー」と言った。アレックは速やかに九つのものの名前を学習した――紙、鍵、木、洗濯ばさみ、レザー、コルク、トウモロコシ、木の実、パスタである。それらを示されると、八〇パーセント以上の場合に彼は正しい名前を言うことができた。アレックスは、それまで見たことのない形や色の紙といったように、もともとの物の変形にも対応することができた。

アレックスは、自発的に人間の言葉をまことに適切な方法で使うことによって、理解力を示し続けた。オウムが訓練者との協力を拒否して不成功に終わった訓練の部分で、「私あっちに行く!」と呟いてオウムが自らカメラの写らないところに移って行く場面でヴィデオテープが終わるのは、控え目にいっても混乱させられるものである。彼の「ノー」という語の使用も、おそろしいほど適切だった。まるで示されたものにアレックスが間違った語を言い返した場合に訓練者が「ノー」と言うときのように、アレックスの好きでない何かを与えると、それらに対して「ノー」と言い始めたのだ。彼にコルクを与えると、彼はそれを落として「ノー」と言ったりした。訓練を続けていくうちに、不機嫌なときや彼がこれ以上名前を言う試行に参加するのを拒絶しているとき、非協力を表現する特徴的なオウム言葉（不適切に「ラァァァク!」などと書かれる）の代わりに「ノー」を使うのが、ますます頻繁に起こるようになった。確かに、その土地の人と話す時は彼らの言葉で話すほうが、キーキー叫びたてるよりもずっと効果的なのだ!

だが、真に動物の心を洞察する可能性を開いたのは、ペパーバーグがアレックスに色や形や数を教える段階に進んだときだった。彼女はアレックスに「ばら（赤色）」、「みどり」、「あお」の三つの色名と、「さんかく（三角形）」と「しかく（四角形）」の二つの形を教えた。アレックスは四角形の紙を示され「何の形?」と聞かれると、「しかく、紙」と言うことが出来たし、何か緑色のものを示されて「何の色?」と聞かれると、「みどり」と言うことが出来た。彼は、今まで見たことがない緑がかった色調をおびたものであっても、またそのもの自体は一度も見たことのないものでも、正しく

「みどり」と言うことが出来た。

ペパーバーグは、ものの名前や色を教えてきたのと同じ方法を使って、アレックスに数も教えた。彼女はアレックスを止まり木に止まらせ、彼の前で別の訓練者と会話した。「いくつ?」と一人が五本の木製の棒を掲げて言う。「五つの木」ともう一人が答える。「正解」、「〈五つ〉の木」と言ってその棒を与える。そしてとうとう、アレックスは「わたし、木」と言って間に割って入ることがあった。その後似たような会話を何度も見た後では「五つの木」と彼も言い、誉められ、嚙むためにその棒を与えられた。

同じ方法でアレックスは、二つ、三つ、四つ、または六つの木やコルクが掲げられたとき、「いくつ?」という質問に正しく答えることを教えられた。もし正解を返したら、彼はその棒やコルクを与えられる。もし彼が間違った数を言ったり、ものの名前を間違えて言ったりしたら「ノー」と言い、ものを隠した。この実験でコルクと棒はかなりその外見が変わってまちまちであったが、これはペパーバーグが研究報告の中で言っているように「これらの見本をアレックスがあらかじめ加工してくれた」(つまりアレックスが粉々に嚙み砕いた)からだった。しかし、アレックスへの質問材料となっている物体の形状がまちまちであることは、偶然にもこの実験を非常に説得力のあるものにした。なぜならこの実験は、物がどう見えようともそれがいくつあるかを正確に同定する能力を試すためのものだからである。無傷の二本の棒も、嚙まれた二本の棒も、大きい棒とひどく嚙み砕かれた棒一本ずつも、どれも「二つの木」と表現されなければならないし、そのために二つのものがどう見えるかは単なるパターン認識ではまったく不可能である。

アレックスが、ひとたびコルクや木の棒がいくつあるのかを言うことを学習したら、次に彼に、鍵、紙、洗濯ばさみなど他のものについても質問した。これらはすべてアレックスが以前見たことがあるものばかりで、それらの名前も知っていた。だが、それらの集合をはっきりと見せられたことや、「いくつ?」と尋ねられたことはなかった。彼がコルクや棒からこれらの新しいものへ、数の知識を即座に転換させることができるかどうかを見るために実験がなされた。新しいものを使った一四五回のテストで、彼はほとんど八〇パーセントに完全正解、つまり、掲げられたものが何かというのと、いくつあるかを示すことができた。彼が間違って答えた場合は、たいてい「三つの紙」と言うべきところを「紙」と言ったというように、正しい名前を示していたが数を省いたものだった。更に促して言わせた時には(「〈いくつの〉紙?」)、「正しくない」試行のうち九〇パーセントで数を正しく答えた。数を示すときこのように気が進まない様子をすることにハンク・デーヴィスはコメントして、アレックスは一つより多くのものを得ることにたいして興味をもっていないからかもしれないと指摘した。彼が欲しいのは嚙むための洗濯ばさみ一個であり、少なくとも一個あるうちは、いくつ与えられようと彼には関係ないことかもしれない。

今までのところ、アレックスの能力は印象的に見える——彼は、ものの外見がまちまちでも、この能力を最初に使ったもの(コルクと棒)から別のもの(鍵、洗濯ばさみ、紙など)に移しても、異なった種類のものの集合に正しい「数のラベル」をつけることができるようである。しかし提起しうる別の困難として、たとえば賢馬ハンス効果や、すべての実験がたった一匹の動物を使ってなされたという事実はどうだろうか。ペパーバーグは賢馬ハンス効果を除外するためにできるだけ注意は払ったが、しかし彼女はアレックスに対してものを呈示するのに、人間がそこにいなければならないという制約のなかで実験を行なった。社会的な相互作用や、アレックスが人々から欲しいものを得ることは、訓練方法の本質であったので、突然止めることができなかった。彼女の妥協策は、実験の公式の部分(筆者が実験結果としてパーセンテージで示した部分)を行なうのに特別の試験者を雇うことだった。彼らはアレックスの訓練に関係していなかった人たちであり、何が進行しているかについてほんの最低限のことしか知らされなかった。彼らはテストのさい実際にアレックスに「いくつ?」とか「何色?」と尋ねることをした。しかし彼らは、正しい解答が何かは間違いなく知っていたが、アレックスが学習できるような、または彼が正しい答えを言うのに手掛りとして使うような特別なボディ・ランゲージは持っていなかった。それに加えて、すべての公式の実験経過はヴィデオで記録されたので、そのときアレックスが言ったことの誤った解釈(または解釈のしすぎ)は防ぐことができた。

実験に一羽だけの動物しか使わなかったので、ペパーバーグはテストのやり方にも細心の注意をもって設定しなくてはならなかった。彼女がアレックスにものの数について完全な一連のテスト問答、たとえば百回「いくつ?」と質問したときには、少なくとも回答の前半部分に関する限り、アレックスはわずかに五つの答え(「二」、「三」、「四」、「五」、「六」)のうちどれか一つが正解であることをすばやく学習した(完全な回答のためには、「二つのコルク」のようにものの名前を付け加えなければならなかったが)。それゆえ、彼は呈示されているものの正しい名前を言い当てさえすれば、単に数をでたらめにいうか、または同じ一つの数を繰り返すだけでも、五回の試行のうち一回は「正しく」答えることができた。こうした偶然が入り込む機会を取り除くために、ペパーバーグはテスト問答で一種類の質問だけがなされることがないようにした。つまり「何の色？」（正しい答えは「緑色の紙」）と聞いた後には「いくつ？」（正しい答えは「四つのコルク」）のような質問をし、次は「何の形？」（正しい答えは「さんかく紙」）、その後に数に関する質問を続けるなど。これで可能な答えの種類（それぞれいくつかの色、もの、形、数）が非常に大きくなり、でたらめや偶然で行動していては正しい反応が非常に低いレベルになるので、アレックスに関しては当てずっぽうは完全に排除された。色に関する質問から数、形、それからまた色のように常に切り換えてもアレックスの正解度は非常に高かったので（ほぼ八〇パーセント）、彼は異なった種類の質問の違いについて実際に知っており、異なった色や数を正しく見分けられたということができる。ペパーバーグが採用した正答の基準（一回の発声で正しい数〈および〉正しいものを答える）と、何を誤答とするかの基準（それ以外のすべて。正しい答えを示しても即座に答えられなかった場合を含む）は、アレックスがペパーバーグ自身や偶然の気まぐれからの干渉なしに、彼女が主張していることを事実行なったのだということを説得力をもって確立するのに十分だった。

しかしこの段階では、アレックスが何をしていたのか厳密には明らかでなかった。彼は明らかに、正しい色や形や数のラベルをものに結びつけることができたが、「数」の概念を構成しているものは依然曖昧のままであった。彼が「計数する」らしいことをしたものの大きさはかなりまちまちだったので、表面積や大きさと「数」が同等と考えることはできなかった。外見も非常に違っていたので、物体がつくるパターンに基づいて数を見積っていたこともありそうにない。しかしまだ、彼がこれらの疑いのうちのどれか（結局、二つのものは四つのものより占める空間が小さいことが多いし、二つのものは五つとは異なるパターンをつくる）を行なっていた可能性は残っている。これを解決する唯一の方法は、アレックスが数のラベルを当てはめなければならない状況をもっと目新しいものにして、まったく新しいもの、新しい配置、新しい組み合わせでも彼が数のラベルを正確に当てはめられるかを見つけだすことである。

それゆえ、ペパーバーグが次に取り組んだのは、アレックスのそれまでの実験で一度も使ったことのない、まったく新しいものの数を尋ねることだった。タイプライターのインク容器、おもちゃの自動車、座金、指ぬき、胃薬の錠剤など。アレックスはこれらの名前を教えられていなかったので、これらがなんであるか答えられないのは当然であり、そのため「いくつ？・（の指ぬき、自動車など）」と尋ねられた時に彼はただ、二から六の間の数を正しく答えさえすればよかった。これらのまったく新しいもの（実際にはそれらは完全に新しいものではなかった。アレックスがそれを見て驚かないように、二〜三日間彼が見ることのできる場所に置いてあった。だがそれらについて質問されたことが一度もないという意味では、新しいものだった）を、アレックスは試行のうち八〇パーセントで正しく答えることができた。彼がその特定のものについて質問されたことが一度もないにもかかわらず、三個のタイプライター・インクの容器には「三」と答えた。明らかにアレックスは慣れ親しんだ状況からなじみのない状況へ「三」を移行させ、特定の状況や特定のものとは関係なく「三」を構成するものの概念をもっているようだった。これは彼が正真正銘数について考えていることの、少なくともある程度の証拠である。

彼の次の課題はこれより更に複雑だった。アレックスはたとえば二つの鍵と二つのコルク、両方で四つのものなど、いくつかのものを混ぜて見せられ、再び「いくつ?」と尋ねられた。このときも彼の回答は驚くべき正確さだった。こうした状況では「いくつ?」という質問にもともと曖昧さが伴うが、それでも彼は七〇パーセントの例で、示されたものの合計数を正しく言った(「いくつのコルク?」なのか「両方合わせていくつ?」なのか。私ならもう少し説明されないとどちらの意味か確信をもてないだろう)。

アレックスは本当に私たちが知っているような意味で「計数する」のか、彼はものの集合に対して数を割り当てる意味をかなり未完成にせよ理解していたのかどうか、定かではないとペパーバーグは認めている。たしかに彼は適切な状況で正しい「数のラベル」を与える能力をもち、以前にとりたてて数えたことがない新しいものに「数のラベル」を移行させる能力も持っていた。彼は一列に並んだトンネルを「軒なみ検査」するラットよりも、かなり先まで進んでいるように思える。ペパーバーグ自身はアレックスについて主張する内容を抑制しており、単に「オウムにおける、限定されているが、ある種の数関係の能力の証拠」を与えるものという言い方で彼女の実験を要約している。まちがいなく数関係の能力は私たちが「思考」という言葉によって意味する規準のうちにある。すなわち外部世界の内的表出を有している。私たちがそれを原計数と称するか、原思考と称するか、この接頭語をどちらも省いてしまうかは、実はたいした問題ではない。少なくともある種の動物は、私たち人間が自分自身の「思考」として言及しているようなものの痕跡を持っているという証拠――真の証拠――が私たちにはある。そしてその証拠は、いま現在は限定されているにしても、もっと良い証拠はどういうものかという方向を指し示している。私たちが語っているようなことがらを証明する希望は、もはや決して思弁の領域にあるのではない。反対に思考の二つの重要な要素――内的表出と変換（変化）――を、いまや動かぬものとして挙げて、実験によって動物がそれらを持っているか否か問うこともできる。私たちにこれを確かめることができるのは、動物が本当に考えているという仮説に立てばこの状況では動物はこんなことをするだろうと予測することによってである。この観点から特に重要なのは、動物が「思考する」ことができずあらかじめ決められていた規則にだけ頼っているとしたら正しい答えが得られそうにない、何か充分に新しいものを含んだ状況を用意することだ。

そこで私たちは、二つの相反する仮説を提出する。一つは「既定規則に従う」仮説である。この仮説では、新しい状況のもとで動物はたいてい「愚かな」行動をするだろう、もしくは新しい状況でなく古いままの状況に適合しているやり方で行動するだろうと予測する。もう一つは「考える」仮説で、前者とは違う予測をたてる。動物は何が正しい行為の道筋なのかを頭の中で解決することができるし、自分が新しい状況に置かれていることに気づいたらそれに適合する何か「賢い」ことや、新しいことができるだろうという予測を含んでいる。つまり考えることの証拠は、行動についてのこの相反する予測から見いだされるはずである。もし予測が充分に説得力のあるものであり、また動物の行動をこれ以上単純にできないほど単純なやり方で説明できるならば、動物が行なうことに賢さがはっきり示される。言い換えると動物の賢さが示されるかどうかは、それ以外の方法では彼らの賢さと見えるものを説明できないと言える方法を工夫できるほど、私たちが賢いかどうかにかかっている。私たちはオッカムのかみそりをもって、価値ありと思うすべてのものも切り去ってみなければならないし、知っている限り懐疑的（鳥が数を数えるだって？　ばかばかしい！）でなくてはならない。だがすべて他の可能性が数えつくされたときにも、知られている事実を全部説明できるもっとも単純な仮説として、動物は自分がしていることについて考えているというものが、依然として残ることがあるだろう。正しい順序で三個のキーを突つくハトの能力（とりわけ新しい順序の問題へ移行したときに）に対して、ハトが「順序」の概念——すなわち引き続いて何が起こるかについての内的表出——を持っているという説明以上にうまく説明できるものはない。一列に並んだトンネルのうち（特にトンネルが完全に新しい位置に移ったときに）第二、第三、第四のトンネルを見つけだすラットの能力は、ラットが数を数える原初的な能力を有しているという以上に、これをうまく説明できるものがない。アレックスの行動は、数について考える能力がアレックスに備わっているという仮説以上にうまく説明できるものがない。シャーロック・ホームズはかつて述べた。「ありえないものを除いていって、それでも残るものがあれば、どんなに〈ありそうもない〉ものでもそれが真実でなけりゃならんと、何度言ったことかね？」。私たちは非常識にみえる仮説とともに、置き去りにされているかもしれない。だがもしそれらの仮説が、既知の事実を他の仮説よりはよりよく、より単純に説明するならば、それらは受け入れられるべきである——少なくともさらに追加の証拠によってそれが誤りと示されるまでは。もともとオッカムのかみそりの要請は、そのようにすべきだとしているのである。

それゆえこの章で見てきた限りの例に対して、もっともありそうな説明は、少なくともある種の動物は考えることができるというものである。この結論にいたるために筆者はトリからネズミまでの例を使ってきたが、これはおそらく偶然ではないだろう。なぜならこれらの動物は、人びとをただちに懐疑的にさせるからだ。チンパンジーとかイヌには何か賢いことができると言ったら、トリにも同じことができると言う場合と比べて、はるかに信じてもらえそうである。あることが達成できるというとき、羽毛で覆われた脳であると、外見や行動がはっきり「人間に似て」いる動物の場合よりも、はるかに多くの証拠が要求されるだろう。人間は自分に似ているほど、人間と影響しあっている動物ほど、賢いに違いないと思う。これは奇妙な偏見だが、たいへんひろく普及しているものだ。この結果、トリの賢さについての証拠が最良の証拠文書になっている傾向がある。なぜならいくらかでもそれが受け入れられた地位を得るためには、そもそも科学的論文として陽の目を見るまでに、すでに突つき回され軽蔑されあら探しの限りをつくされてきたのだから。トリやラットが思考していることはしぶしぶ認めてもらえるだけだろうが、より「人間らしい」動物はずっと薄弱な証拠でも、思考する性質を持たせてもらえる。

ある読者からみて、この章で見てきた大部分の証拠は、あえて言えばいささか人工的なものだったかもしれない。普通ハトは食物を得るために時計の文字盤を見ることはなく、ほとんどのオウムは日常生活で目の前にタイプライター・インクの容器を示されて、数当てしろと要求されない。他方ラットが一列に並んだトンネルのn番目を探すのは、ラットの野生生活でも自然に起こりそうなことをしているように見えた――そしてラットはその特別の問題を、めざましいほど易々と解決した。とすれば、私たちの考える動物探しは、思いきって実験室を出るべきかもしれない（実験室には、しょっちゅう突発して問題を混乱させる無関係な変数を制御するという非常な利点があるにはあるのだが）。野生動物が人間の干渉なしで生きており、生き残るために賢くならねばならない自然の状況を、もっと見るべきだろう。むろん自然の状況では、より単純な仮説を、そうしたいと思うほどには自信をもって棄却できないおそれはあるだろう。また実験室でと同じように状況を操作して変えたり、新しい環境で動物を驚かせることもできないかもしれない。こうした環境変更は、すでに見てきたように、動物が真に思考していることを示す鍵になるものだった。しかし私たちは、動物たちが持っていても、人手で作った実験では決して拾い上げることのない能力を探りあてることになるかもしれない。動物が人間ふうの知能テストではあまりぱっとしないとか、人間の言葉をマスターするのが得意でないからとか、それだけですなわち、動物に本来そなわっている特別なタイプの知能にもっと適した自然な課題を解くことができないという意味にはならない。もしも人間であるなしを問わず、すべての動物が直面しなければならないもっとも複雑な課題とは、他の動物（他人）との社会的な相互作用の複雑さをどう解決していくかということであるならば、「思考」の証拠を求めるのに、社会行動以上に適したものがあるだろうか。賢さは、うまくいっている社会生活から見えてくるかもしれない。

野生動物の社会行動を見て動物が実際どれほど賢いかという課題を解決しようとするとき、問題になりそうなことが二つある。第一の問題はすでに述べたもので、制御すべきすべての点を制御したり、野外に適した実験を設計することの困難さである。第二の問題として、もっとも興味深い状況は動物が真に新しい状況に直面して、その解決に独創的な思考の片鱗がうかがわれる場合だが、これらは概して単発の、決して繰り返さない偶発事であることが多いということがある。つまりこうした動物の観察は誰の場合にも、どういう特定の動物が特定の機会に何をしたという魅力的な一連の逸話を残してくれるが、それは定義上、二度繰り返して起こることのないものかもしれないのだ。もしそれが再び起こったとしても、もはや環境は新しくもなんともないもので、問題の要点は失われてしまっているだろう。科学は逸話を好まない。科学は量的で反復可能な尺度を求めるのだが、それは提出困難なことも多い。まず最初に私たちは、二人の研究者が野生動物について、その野生状態の本質や自然な社会行動を保ったままで、「適切な」実験を設定できた例を見ることにしよう。そこでは「規律化された逸話」とでも呼べる事例が見られるだろう——それは個々の逸話のケース・ヒストリーだが、それらをよせ集めた上で、互いに相手のことをよく知っている関係した動物たちが、前例のない新しい状況で計画的な騙し行為をすることが出来たかどうか知るために、精細な分析が行なわれた例である。

ドロシー・チェニーとロバート・セーファースによる注目すべき野外実験のことは、第2章ですでに触れた。そこでは、サヴァンナモンキーが他のサルの意味のなさそうな「ブウブウ」声から、かなり多くの情報を引き出すやり方を見た。そのうちのある例では、チェニーとセーファースは叢《くさむら》の入念に計画した位置にテープレコーダーを隠して実験を行ない、叢の陰になって見えないあたりにたまたま本当のサルがいて声を立てるのと大差ないやり方で、サルに声を聞かせることができた。つまり彼らが目指したのは、野生サルの生活への干渉を最少限にとどめながら、しかもサルが聞くタイミングや声の種類を完全に管理することだった。

チェニーとセーファースは、サヴァンナモンキーが互いに知っている知識の全範囲を明らかにするのに、これとやや似た技法を使った。サルたちがよく知っているらしいのは、ある特定個体のサルは叫び声の発声者としてどれほど信頼できるか、特に他のサル群がいるとき、それとの関係でどれくらい信頼性があるかということだった。サヴァンナモンキーは、自分が直接属している群のサルとは違ったサルがいるときの叫び声として、「ウルル」声と「チャター」声という二つを持っている。サヴァンナモンキーは小さい群で生活し、互いにたいへんよく知りあっているので、他群のサルを見かけることは彼らの生活では一大事件である。またサヴァンナモンキーには領土があり(territorial)、他のサルたちに対して自分の領地を積極的に防衛する。近隣のサルがあまり近づいていくと、これらのサルはしばしば、チェニーとセーファースが「ウルル」と表現した大きな顫動音《せんどう》で出迎えられる。この音は、別のサルが近くにいることを自分の属する群に警告しているようでもあり、他の群に向かってもう見つけたぞと知らせているようでもある。「ウルル」の叫びを聞くと、群のメンバーはたいてい緊密に集まって互いに触れ合うほどになり、一緒になって別の群をじっと見つめる。別の群はほとんどの場合「ウルル」と叫び返し、今度はまたこちらからさらに「ウルル」の声を返す。この「ウルル」の叫び声の応酬以外に何も起こらず、二つの群が平和的にそれ以上交渉をもたず、それぞれの道に進んで行くことも多い。ただ、しばらくのあいだ互いに目を離さない。しかし別の場合、特に群のあいだに水や熟した果物がなる木など何か価値のあるものが存在すると、事態はこれより少々深刻になり、「ウルル」のあと激しく追撃して他の群を脅かす。それから、争いを解決するための小ぜりあい、追撃、そして物理的な接触が起こることもある。このようなより攻撃的な情況のもとでは、サルたち(なかでもたいへん真剣に領地を守っている雌)は、「チャター」として知られる第二のタイプの叫び声を上げる。これは「ウルル」よりかなり大きく、はるかに周波数の範囲が広い喘鳴音《せんめい》である。つまりサルたちは、音は異なるが、ある程度似かよった情況で使われる二通りの叫び声を持っているわけだ。

チェニーとシェーファースは、この重なりあう微妙に異なる二つの声の使い分けを用いて、あるサル個体から発せられる叫び声の同一性と信頼度を他のサルたちがどれくらいよく知っているのか見いだそうとした。ある特定サルの「ウルル」の声を録音し、叢に隠した拡声器を通してそのサル以外の群のメンバーに再生して聞かせた。見慣れないサルがそのあたりにいるわけではないのに、再生を何度も繰り返し行なったため、通常は他のサルがいるぞという意味である「ウルル」声が、不適切で意味を持たないものになった。サヴァンナモンキーたちは録音したものが聞こえてきた一回目の時、まず最初にあたりに他群のサルがいないことを確かめ、それから食物の続きを食べ始めた。チェニーとセーファースはある特定のサルの声についてこれを八回やってみたが、九回目（これがテスト用）の声を聞かされるころには、問題のサルはまったく見向きもされなくなった。叫び声に対して慣れ（習慣づけ）が生じて、それが何の意味も持たないことが理解されたのだ。拡声器で繰り返し再生された声の持ち主のサルは、人為的に「狼が来た！　少年」にさせられ、他のサルたちから、全然信頼できない目撃者と見なされるようになった。さて、その特定個体の「ウルル」声が信頼できないとなったら、その個体のそれとは別の「チャター」声も同類とみなされ、気にするだけの価値がないと思われてしまうだろうか？

Aという個体のサヴァンナモンキーの「ウルル」に何匹かのサヴァンナモンキーが習慣づけられたところで、チェニーとシェーファースは同じ個体Aから録音した「チャター」への反応を見た。その結果、サルたちはその個体の声にほとんど何の反応も示さなかった。ところが別の（まだ確かに信頼できる）個体の声なら、「ウルル」にも「チャター」にも反応して、即座にそして長いこと、声によって示された侵入者群を探すかのようにあたりを見回すのだった。このことが意味しているのは、サルたちは、他群のサルの存在を意味すると思われるある声を選択的に無視するように学習したばかりか、それがある特定個体の発した声であれば実際何もせず、この無視を、同じ個体が発した別タイプの叫び声にも移行させられるということである。その声は何度も、現実に起こっている事態と合わなかったという理由で、個体Aが信頼できないと見なされるようになると、Aのもう一つの声も無視される。他のサルは、声それ自体でなく、声を立てているサル自身を無視することを学習したのだ。また学習されたのは、彼らが聞いていた叫び声の全体的な音響構造ではない。もしそうであれば、別の個体が発する「ウルル」にも習慣づけられていただろうから。「ウルル」を発する別の個体への反応はそのまま残っているのに、個体Aの声は実際に音としてまったく違っているものでも、信頼できないと烙印が押された。このことから、群内の動物は個体ごとにかなり多くの知識を蓄えていること、また人間がテープレコーダーを使って不適切な状況でその叫び声を再生し干渉することにより、以前には信頼できた個体が突然信頼できないものに見せかけるといった高度に人工的な状況の下でさえ、その知識を使う能力があることが示唆される。

しかしさきほども言ったように、動物たちがその社会状況について考え、そこから最良の答えをこしらえあげる方法を見ることによって、動物の能力を知ろうとするときに、もっとも興味深いがもっとも扱いにくくもある証拠は、動物が自分から正しい解決を思いついたように見える、それぞれ一回限りの出来事の話からきている。私たちはすでにいろんなことを見てきたので、一つだけの出来事をもとにして、動物が本当に何か利口なことをしているという主張に飛びつく人には、落とし穴が待ち受けていることを充分理解できる。水が、穴があれば必ずその穴を見つけだすように、動物も容易な道が見つかるならば必ずその道を見つけだすようであり、私たちには依然として感銘を受け過ぎたり、だまされ易いという危険が残されている。それゆえ当然注意を払うべきではあるが、この章のしめくくりとして、動物を身近で科学的に研究した人びとが語っている、動物が目新しい社会状況に対処した信用できる一回限りの話を見ておこう。もっとも印象的な例は、他の動物の行動を操作するため、またはごまかしによってほしいものを得るために、動物が社会的技能を使うケースに見られる。

ごまかしとは、誤解させる意図が存在するという意味である。もちろん動物のごまかしについて、何を意図していたのか動物に聞くことはできない相談だが、セントアンドルーズ大学のリチャード・バーン（Richard Byrne）とアンドリュー・ホワイテン（Andrew Whiten）は、ごまかしと呼ぶことができるか否かに関して、四つの規準を設けるべきであると示唆した。(1)ごまかしている個体の行動は、その個体が通常行なう行動の範囲の一部でなくてはならない。ごまかしの本質は、別の何かと間違えられるはずの事柄または行動であり、それゆえその「正常な」用法は、充分受け入れられたものでなければならない。もしまるで規格外れのものだったら、嘘が信じられることはないだろう――信じられるのは、いかにも日ごろ起こりそうな出来事に見せかけられたときに限られる。(2)ごまかしは、そのごまかしの用法の中でたまに使われるのでなくてはならない。あまりたびたび使われたら、他の動物たちはごまかしに気がつくようになり、注意を払わなくなるだろう。嘘は、通例は真実に満ちた用法で使われているときに、もっとも効果的である。(3)ごまかし行動は、他の個体が（通常のまともなやり方でそれを解釈することにより）誤解しそうなやり方で行なわれなくてはならない。(4)ごまかし行動は、ごまかす者がそれによって何か得をするのでなくてはならない。

たとえばヒヒでは、あるヒヒが捕食者や他のヒヒの群を見つけたとき、たいへんはっきりした「眺める」しぐさがなされる。他のヒヒたちはふつう即座に注視の指示に従う。そのため「眺める」ことは、ヒヒの行動の正常な部分をなしている。そして「眺める」ことはある種の危険を意味しているかもしれないので、他のヒヒにとってそれに反応することは重要である。バーンとホワイテンは、この「眺める」ことが、他のヒヒの行動を自分の有利な方向に操作するために使われた例をいくつか記している。一九八三年五月二十三日にある若い雄がもっと若いヒヒを攻撃し、攻撃された方が金切り声をたてたところ、その場に何頭か大人ヒヒが走り寄ってきた。これらの大人ヒヒは、攻撃的な「パント・グラント」（あえぎふうの叫び）を立てていて、あきらかに若い雄を攻撃しに来たのだ。若い雄は大人ヒヒたちが来るのを見て、捕食者も他のヒヒの群もいないのに、突然これみよがしに遠くを「眺めた」。大人ヒヒは立ち止まり、すぐに彼が凝視した方向を眺めた。若い雄への大人ヒヒの攻撃は停止され、若い雄は逃げおおせた。

一九八三年九月八日、ある大人雌ヒヒが食物を食べているのを子供ヒヒが見つけた。その子供は近づいて来た。大人雌ヒヒは脅かしはしなかったが、そのまま食べ続けた。すると子供は金切り声をあげた。子供の金切り声はふつう攻撃を受けているという信号であり、他の大人、特に優位の雄はしばしば近寄ってきて攻撃者を追い払う。金切り声はこの場合も大人雄ヒヒを呼び集め、大人ヒヒは食物を食べている雌を即座に追い払った。こうして子供は餌の分け前を獲得し、食べ始めることができた。

たんなる逸話だろうか。もちろんそうには違いないが、しかし次の事例についてはどうだろうか。

ヒヒを長年にわたって研究しているハンス・クンマー（Hans Kummer）は、彼が観察していた群のメンバー全員が休息していたときのある事件を記している。そのとき一匹の雌が約二十分間以上かけて徐々に二メートルほど場所を移動し、それによってとうとう岩の陰に到着し、ある半大人の雄の毛づくろいを始めた。もし群の優位雄がこれを見たら両者をともに攻撃したであろうが、優位雄が座っているところからは、雌の尾、背中、頭頂しか見ることができなかった。雄は雌の正面も手も見られないし、岩蔭にかがんだ半大人の雄も見えなかった。言い換えれば、大人雄は雌がどこにいるか知ることはできたが、何をしているか見ることはできなかった。

こうした例はどれも、ヒヒがたいへんな賢さや洞察が示しているわけでもなく、掛け値なしの学習の例なのかもしれない。子供ヒヒは、先制攻撃に対する容易な方法が遠くを「眺める」ことだと学習したのかもしれないし、より大きいヒヒをどかせる容易な方法は、金切り声を上げて他の大人に助けてもらうことだと学習したのかもしれない。雌は少しばかりの平和と静けさを得る唯一の方法は岩蔭に行くことだと学習したのかもしれない。最初は偶然に何をすべきか発見したのかもしれない――おそらく攻撃を受けそうになったまさにそのとき、捕食者が存在したという事例が実際に起こったのだろう。たぶん若い雄はまさに然るべき理由で「眺めた」そのあとで、社会的上位者との厄介な状況を逃れるという予想もしない結果になったことを発見して、結果としてそれを繰り返したのかもしれない。この場合、出来事の間のつながりを学習する程度にはその雄は賢かったのだが、パズル・ボックスを開けるネコやスロットマシンに硬貨を投げ入れるアライグマよりも本当に賢いとは言えない。動物たちが何をすべきかをまず先立って解決したとか、「だまされる」個体を誤解させようとする意図を持っていたとかの言明を正当化するものではないだろう。

しかし、この解釈に疑いを投げかける特徴が二つある。一つには、それらがいつも起こるものではなかったことである。それらはまれな出来事であり、ごまかしが実行されていない「実際の」事例の間に散在していた。もしある動物が策略を単に学習したのなら、隠しておいたり時々しか行なわないということはなく、いつでも策略が実行されると私たちは予期するだろう。次に、特に雌のヒヒが若い雄の毛づくろいをしたクンマーの挙げている例に見られる、行動がなされた仕方についてである。クンマー自身は、雌が自分自身で岩陰に行こうとした秘密の移動だったのではなく、純粋に偶然として出来事全体を片づけてしまおうと思ったと言った。もし雌が岩影に行くことが雄の追跡を避けるよい方法だと学習したのならば、その雌は一直線に岩影に向かい、ゆっくりじりじりと二十分もかけて向かっていくことはないと私たちは予期するだろう。もし雄に見張られていることを雌が理解しているなら、また、雌が雄を故意にごまかそうとしていたなら、私たちが予期する雌の行動はまさにこの通りになるだろう。そして後頭部は雄から見えるが顔や手は見えない岩陰の雌の位置も、他の個体をごまかすのに理想的な位置である。雄は雌がまだ近くにいることを見ることができるが、他の雄を毛づくろいしているのは見ることができなかった。私たちはこれを複雑な学習プロセス（岩に対してそれ以外の位置を取ったら追いかけられるだろうということを雌は学習した）として説明することもできるが、しかし今やもっとも単純な説明は、雌はどういうことが雄を怒らせるか知っており、できるだけ目立たないように岩の方に動こうとし、そこに行って雄の視野から雌がしていることを隠そうとし、雄を故意にごまかしたのだというものになる。

要は、私たちが非常に大きな社会的賢さを前提としない学習された経験則を基礎にしても、行動を説明できることである。だがそれは、「雌はこれをまさに偶然学習した」とか「雌はこれをすでに学習していた」などの説明でいっぱいの、極端に煩わしいものになるだろう。オッカムのかみそりはいまや真の賢さの方に賛意を示す。つまり、若い雌のヒヒは急激な動きが雄の注意を引きつけること、雌が他の雄を毛づくろいしているのを雄が見たらその雌を追いかけるだろうということを理解していた、と。もし雌が自分の社会知識（そして他の個体からどう見えるかについての知識）から、何をすべきか「頭の中で答えを」出したのであれば、その雌は速やかに正しいことをすることができただろう。それに対して、試行錯誤によってあらゆることを試みたとしたら、彼女は何をすべきか徐々に学習する苦痛に満ちた長い時間を過ごすことになるだろう。

もちろん私たちはそれ以前に何がなされていたかを正確には知らないから、厳密にいえば二つの説明のうちどちらが正しいか選び出すことはできない。動物はあらかじめ持っている相互の社会知識から引き出した洞察を使って、いかにも故意のごまかしをやったように見えた。しかし厳密に言うと、その状況がどの程度に目新しいのか、それゆえ、その雌は他の動物たちの行動についてすでにどれだけ多くを学習していたのかを知ることはできない。そうすると私たちに必要なのは、動物間に以前からあった社会的相互作用が分かっていて、それゆえ動物たちの前に明らかに目新しい社会的状況があるのが分かっているような例である。

ストーニー・ブルックにあるニューヨーク州立大学のエミル・メンゼル（Emil Menzel）は、六匹の若いチンパンジーに大きな囲い地を用意して、彼らの社会的相互作用の発達を非常に近くから観察した。エミルが特に興味をもったのは、チンパンジーが食物が隠されている場所の手掛りとして、他の個体の行動を互いに利用する可能性についてだった。彼はまず餌づけ試験の一つとして、故意に一匹に食物の隠し場所を見せ、それから、その一匹の行動から他のチンパンジーが食物のありかを推論できるかどうかを見ることにした。六匹のチンパンジーはみな檻の中に閉じ込められて、囲い地も六片の果物が囲い地の中のどこに隠されたかも見ることはできなかった。木の葉や草の下、木の陰など、正確な隠し場所の位置は毎回変えられた。一匹のチンパンジーを実験者が腕で抱えて連れ出し食物のありかを見せたが、チンパンジーはそれを触ることを許されなかった。そのチンパンジーは残りの群の中に戻され、それから六匹がすべて一緒に解放された。彼らの中の一匹はどこに食物があるかを知っており、五匹は知らないわけである。対照試行としてこの「知識のあるリーダー」の代わりに、食物は同じように隠されているが、一匹もありかを見ていない実験が行なわれた。これは「無知な」チンパンジーが、リーダーからの助けがない場合に、匂いその他何かの手掛りによって食物を見つけ出す可能性と比較対照するためのものである。食物がすべて見つかったのは、四十六回の対照試行ではただ一回だけだった。しかし前もって食物のある場所を一匹のチンパンジーが見ていた場合は、五十五回の試行すべてで、群全体が食物を見つけた（大部分は二～三分以内で）。「無知な」チンパンジーはリーダーに従って捜し始めたのだが、リーダーが見たのが大好物の果物だった場合にのみ、リーダーに従ったのは明らかだった。リーダーが見たものがそれほど欲しくない食物、つまり野菜だった場合には、残りのチンパンジーはなかなかすぐには後について行かなかった。隠されている食物が、手に入れる価値があるものではないという結果になることを、彼らは理解しているようだった。

ベラと呼ばれるチンパンジーが「リーダー」のとき、ロックという優位雄によって、ベラが食物（彼女が群をそこに案内したのに）から何度も追い払われてしまったとき、ごまかしの最初の証拠が現われてきた。ロックが群の中にいないときには、ベラ（食物がどこにあるかを見ていた）は他のチンパンジーを食物まで直接導いた。そしてこの場合は、すべてのほかのチンパンジーがほとんどいつも何か食物を得られるという、群内の（適度に）友好的な関係があった。しかしロックがいると、彼は走り回りベラを蹴ったり噛みついたりして、自分一人ですべての食物を取ってしまう。ロックが加わっていると、ベラはますますゆっくり歩き始めるようになり（それでもロックがそこにいないときには直接食物に向かったのだが）、そしてじきに食物のありかを示すことを止めてしまった。ベラはただその場所にいくだけで、食物を掘り出さずにその場所の上に座りこんで、ロックがどこかに行ってしまうまで待った。しかしロックはすぐに彼女が何をしているかを学習し、ベラが二〜三秒より長く座っていると彼女をそこから追い払い、彼女が座っていた場所を探って食物をすべて手に入れた。

ベラの次の動きは、食物のところまで行くのでなく、またその上に座るのでもなく、その近くで止まるというものだった。ロックはこれに対して、ベラの周辺を食物が見つかるまで探すことで応じた。ベラはどんどん離れた所に座り、ロックが反対方向を見るまで、食物のほうに向かって動くのを待つようになった。今度はロックは自分から目を逸らし、ベラが動き出すまでうろうろ歩いた。もしロックが食物に近づくとベラは神経質な動きを見せる、それをロックは「もう少しで見つけそうになる」と解釈した。しかし何回かの試行ののち、ベラはまず食物とは反対の方に群を導き、ロックが間違った場所で食物を探すのに忙しい間に、本当に食物がある場所に走って行き、少なくともいくつかは、どうにか自分のものとして手に入れられるようにした。更に別の実験のシリーズでは、メンゼルは大きな食物のかたまりを一つ隠した後で、それから約三メートル離れたところに余りのかけらを隠すようにした。ベラは単なる食物のかけらへとロックを導き、彼がそれを食べている間に大きいかたまりに走った。メンゼルは次のように報告した。「ロックが単なる食物のかけらを無視して、ベラの監視を続け始めたときには、ベラは『かんしゃく』を起こした」。

ベラとロックが、どちらが相手より良いものを得るかという軍拡競争に入っていたことは明らかである。一方はしばらくの間、おそらくは一度だけ成功する――そして次には他方が、彼なり彼女なりを出し抜く方法を探す。こうした軍拡競争が生じるには二つの場合があるだろう。ベラもロックも、自分の欲しいものを得られなかった時、まるで神経質なネコが檻に閉じ込められた時のように本質的にはでまかせの行動をし、まったく偶然にふさわしい新しい行動を作りだしたかもしれない。死にもの狂いに逃げ出そうとする猫は「手あたりしだいに試み」、それ以外のあらゆる場所を押した後に、偶然前足がハンドルを押す。たぶんベラとロックはどちらも食物に飢えていて、同じように膨大な範囲の行動を試し、その一つが、たとえ一時的にせよ欲するものを、結果として彼らに与えたということもありうるだろう。だがネコは多くの異なった行動パターンを通過するので、最初に檻から脱出するまで長い時間がかかる。ところがベラとロックには、この時間はなかった。ベラとロックは知恵くらべ戦争において、次の段階にまっすぐ進んだ。食物を食べるのでなくその上に座るということは、ベラが試した多くの可能な選択肢のうちの一つではなかった。彼女は即座にそれをしたのだ。またこうした状況でロックが食物を得られる一つの行動（ベラが座っている場所を探る）は、彼がやった唯一の行動だった。彼は推論した。彼は食物があるかもしれない場所について考えた。彼は試行錯誤による経験則が発展するまで、漠然と待っていたのではなかった。両者の間で続いた彼の行動と彼女の反応、彼女の反応に対する彼の反応、すべてのそれに続くはったりと、それに対抗するはったりは、それぞれ相手がしようとしていたことを理解していたという仮説によって、いちばんもっともらしく説明される。彼らがしたことはあまりに素早く、あまりにも直接に正しい解決に向かったので、世界がどのようなものであるかを洞察しないただの学習によっては、簡単に説明できない。ここでは明らかに二匹の動物が自分たちの欲するものをいかにして得るかを思考しており、次第に複雑さを増していく知的問題が課されてくる社会環境の下で、適切に賢く行為していた。

フィールド研究と、より注意深く制御された実験室での実験の両者から、私たちは動物が「考える」ことが出来るという証拠を少なくともいくつか手にしている。証拠は私たちが望みたいほどの量には達していないが、動物における思考の研究は比較的近年のものである。しかし、今よりもっと良い動物の思考についての証拠がいつか見つかるかもしれないという望みは、少なくとももはや不可能でも曖昧でもないとだけは言える。私たちはその証拠はこのようなものかもしれないと、見通すことすらできる。それは良く設計され、注意深く制御された実験に基礎をおいたもので、単純な仮説（たとえば動物は設定された順序に従って行動している）を排除できるものになるだろう。統計的に価値があり、何よりもまず真に「考え」なければ正しい解決が見つけられないような新しい状況の下で、動物の反応を見るものになるだろう。ハトが正しい順序で光点を突つくことや時計の針の出現を「予測」したことは、どうやればよさそうかを私たちに示している。正しく数えられた穴に向かうラットと、数についての質問に対して答えを話すアレックスは、私たちが見つけるかもしれない能力の一部を垣間見させてくれる。ヒヒとチンパンジーについての逸話さえも私たちの励みであり、私たちのより批判的な部分が理想的には要求したい制御性や再現性には欠けるとしても、それでも、次に何をすべきかの答えを出す心、相手動物が何をやりそうか考慮に入れることのできる心というものを、間違いなく指し示す。いまのところ、すべての発見を満足のいくように、少なくともこれだけの経済性ともっともらしさをもって説明することは、動物は「考える」という以外の説明では難しいだろう。

しかし思考は、「心」の一つの面にすぎない。他の面、多くの人びとによればいっそう基本的で倫理的にいっそう重要な意識の面であるものは、主観的感覚の能力――「怒り」、「苦痛」、「喜び」などのような経験的状態の能力である。動物の処遇について多くの人を悩ませているのは、情緒（emotion）として私たちが自分のうちに知っている状態を、意識的に経験する能力である。賢さは一つの問題だが、苦痛はまた別の問題である。動物に対する扱いを決定するのに私たちが知る必要のあることは、動物が彼らの世界をただ知的に分析できるか否かではなくて、動物が何を〈感じる〉かである。ゆえに、もし私たちが人間以外の種の意識について完全に理解したいと望むなら、私たちは精神生活のうちでもっとも止むに止まれぬ面であるもの、つまり私たちに天国と地獄、至福と絶望を与えるものの証拠を探さなくてはならず、動物のうちにも感情と情緒の内面生活の証拠があるかどうかを見なければならない。

5 人間のように感じるとは

ウサギ

……わたしの主観経験は、ある特別の一ヵ所だけは別として、あなた方の経験と大いに違ってるんじゃないかと思う――その一ヵ所だが、あなたも私も悲しみの感じは避けたいし、楽しさはその逆だろう。

フレッド・ホイル『暗黒星雲』

私たちにもっとも生き生きとした意識経験を与えてくれるのは、おそらく情緒だろう。いらいらさせられる苦痛が完全に自分の心を占拠したり、何かをしよう、あるいはまともなことを言おうとする道に一時怒りがたちふさがったりするありさまは、意識のもっとも重要な特徴の一つ――注意をとらえ中心を占めてしまう性質――を明るみに出している。私たちが苦痛を感じていたり、何らかの感情を感じていたりするとき、自分が今ここにいるという経験をしていることは疑いない。これらの意識的経験には、いままさに感じられている、または取り上げられているものという否定できない直接性があるので、それが現にあるということは否定しがたい。ただし情緒のすべてが必然的に自分の意識経験にのぼってくるものでないことは、もちろんである。フロイト以来、無意識の情緒（感情）はそれに気づかない時でさえも、私たちの活動をつき動かし影響を与える非常に力強い潜在効果を及ぼすものであることが認識されてきた。それゆえ私たちは、「情緒をいだく」ことと、それらは必ずいつでも意識にのぼるのかということを同一視するには、注意深くあらねばならない。それにもかかわらず、意識的に経験される情緒に関するかぎり、私たちが情緒に気づく気づきかたは鋭いものがある。この章で扱う問題は、人間以外の動物もそうした情緒を持つかどうかである。動物は怒りや恐怖を覚えたり、存在しない何かを待ち望んだりすることを知っているのだろうか？　動物は幸福を経験したことがないだろうか？　動物たちは子育てに喜びを覚えるだろうか、それとも損失として苦痛を覚えるだろうか？

こうした問題に答えようとすると、前章で動物の知的能力を研究するのに用いたようなものとはかなり異なった方法が必要になるだろう。その場合には、すでに見てきたように、動物の頭の中で行なわれているであろうある種の内的な過程は、動物の行動から推定されていた。本質的には、コンピュータ・プログラムの働きを推定する場合と方法は同じである――ある程度の知的な精巧さを持っている場合にのみ解決できるさまざまなテストを動物に課してみて、その行動から推定したのだ。それゆえ動物に「数える」ことができるかどうか知りたかったら、動物が真に数を数えられる場合のみ正しい答えが得られ、その能力がなければ誤った答えを出すような状況を設定する。しかし情緒については、このような達成テストは不可能であろう。情緒に関しては正しい答えも間違った答えもなく、それゆえこれについては、人間とコンピュータと他種動物の間を、ベンチマーク・テストのような規準で簡単に比べられるものではない。人間以外の動物も情緒を持つとしたら、私たちが探さなければならないのは、どうやったら動物がもっとも情緒をあらわにしやすいか、である。私たちが目指すべきは、内的な情緒経験の外的な目印である。

人間の場合には、そうした情緒の外的で目に見えるしるしとは、握りこぶしを握ったりほほえんだり、笑ったりなどの行動ばかりでなく、赤面や鼓動の高まりなどの身体的な変化もある。観察可能なこうした目印を記載することは、情緒それ自体の意識経験と同じとは言えない。笑うことは幸福の経験でなく、涙は悲しみそれ自身ではない。情緒の意識経験はあくまでも個人的なもので、役者やスパイにかかれば、抑圧したり欺くことさえできるものである。だが私たちは通常は、外から観察者が見ることのできるものは、内部で目に見えないものが進行していることの指標に使うことができるということに、それなりの確信をもっている。

私たちが人間という種の境界を越えて、内的に気づいていること（自覚）の外的なしるしに頼ることには、明らかに問題がある。私たちは他人の情緒表出を見ても、たいていはうまく解釈できるが、他の動物ではだいぶ事情が違うだろう。毛皮に覆われた態では、顔を赤らめても（かりに赤面するとして）分からないし、鳥はその解剖学的制約からして、こぶしを握りしめたり、口もとに微笑をうかべたりできない。それぞれの種の動物がもっているその種特有の情緒を外に表出する方法を知ろうとして、それが何であるかを見いだすために多くの時間を費やしても、依然として情緒と行動の間をつなぐのは困難だろう。たとえば私たちにはチンパンジーが「ほほえんでいる」ように見えて、いかにも幸福のしるしと解釈してしまいがちなものがあるが、実はこれは攻撃的で優位の個体がいて、攻撃が行なわれそうなときに示される表情であり、それゆえもっともありそうな解釈としては恐怖のしるしということが分かってきた。それゆえ、他の動物の情緒を信頼性をもって認定するには、おそらく他の種からはとても理解しがたい特殊でその種に限定された行動を越えたその向こうに視点を合わせて、情緒とは何かというより一般的な観念や、その動物がどのように情緒表現を見いだすのかということに注目すべきだろう。

私たち人間にとって、情緒を感じるもっとも重要な側面の一つに、それが私たちにとって〈問題である〉ということがある。苦痛を感じたらそれは取り除くべきであるという意味で私たちにとって問題であり、私たちがある野心を抱いたら、それを獲得すべきであるという意味で問題である。私たちは自分の情緒に対して受動的な傍観者ではなく、人生が自分の傍らを通り過ぎてゆくのを穏やかに見守っているのではない。私たちは好むと好まざるとにかかわらず、巻き込まれているのだ。情緒は私たちをとらえ、しばしば情熱的にその結果に気遣いをもたせるものであった。情緒は私たちを、結果（危険から遠ざかる、長い渇きのあとで一杯の水にありつく、仲間に受け入れてもらえる）を問題とする存在にするものであった。そこから言えることは、動物が情緒を持つか否か知りたいときまず最初に探すべきものは、動物も自分の身に起こることを気遣っていることのしるしし、その動物にとっても世界がどんなふうであり、何が起こるかは問題なのだというしるしだということである。

この点で結局つきあたる壁は、人間以外の種の言葉の問題、いや言葉がないという問題だろう。もしあなたにとって何が問題なのか私が知りたかったら、あなたに尋ねてみることができる。あなたは自分にとって重要な事柄——家族、職業、古い銀器の収集、その他何でも——について熱心に述べることができるし、私もさして時間をかけることなく、あなたにとって重要な事柄の鮮明なイメージを得ることができるだろう。しかし同じことを他の動物に求めるのは明らかに無理である。私は座りこんで動物を観察し、動物がたてる物音を聞くことができるが、彼らが注意を払う事柄については、もしそれが有るとしても、堅く沈黙を守っている。

しかしおそらく、知りたいと思うことを告げさせるのに、言語に固執するのは間違いだろう。そうした固執によっておそらく私たちは、より実りのある情報源を得る道にたち塞がる、人間の言語への強迫観念に手を貸すことになるだろう。結局、言語は他人にとって何が問題であるかを発見するための手早くて洗練された方法ではあるが、同じ言葉を話す人々に対してさえ、それを知る唯一の方法ではないことは確かである。感じていることを多くの言葉で語ってもらうよりも、ある場合には人々の行為の方がその情緒の状態を知る良い導きになることがある。ある人が真に何をしたいのかについて、「ああ! 私はピアノが弾きたい!」と言ったとしても、ただ毎日四時間練習のために当てている、とだけ言ったときほどの説得力もないだろう。「口の代わりに金を出す」人は、情況を改善すること、失業者とか何とかに仕事を与えるのがいかに重要かとただ論ずる人よりも、その計画をどれほど重要と見ているかについてずっと説得力があるだろう。私たちは実際、言葉だけで何もしない人に対して無遠慮に「おしゃべり」、「大ぶろしき」、「口先ばかり」などと言う。私はいつもおもしろいと思うのだが、人間は言葉の使用のおかげで人類をそれ以外の動物界の上に置くくせに、実行によってきちんと裏づけされない発言は駄目という。言語は貴重なものかもしれないが、言葉はしばしば安物と見なされるのだ。

いずれにせよ重要なことは、言語は他人にとって問題であることを見つけだす唯一の方法というにはほど遠いもので、少なくともいくつか他の道もある、たとえば人々が言っている意味や真に強く感じているのは何であるかを私たちに確信させる動作などもあって、他の動物について問うときにも、そうした道のいくつかが私たちには開かれているということである。それゆえ野牛やニワシドリやヒヒが何を感じているか言葉で聞きだすことのできる便利な言語はないとしても、それは最初に思ったほどうち勝ちがたい障害ではないに違いない。それどころか、動物に対してももっと直接の否応なしの方法を使わなくてはならないという事実は、実際には有利な点であるかもしれない。少なくとも言葉が使えなかったら、嘘は吐きにくくなるだろう。

言葉を使わなくても、その人にとって問題である事柄が表現される例を、以上ではむしろ身のまわりから拾ってきた——毎日のピアノ練習とか、スラム街改革プロジェクトに金を投入するとか。このように行動（動作）を利用するという発想を、人間以外の動物に使える形に翻訳するためには、私たちは二つのことをしなければならない。第一に、どのようにすれば、人がある行動をしたときに、その人にとって問題なのは何であるかを示すものとして、その行動を利用する仕方をもっと明確にしなくてはならない——つまりその人の行動から、その人物が強い信念や強い情緒を持ってしていると私たちに信じさせるものは何なのかを言うことができなくてはならない。誰かが行なうすべてのことが、その人が強く感じていると結論させる証拠になるわけではないから、それらのうちから何であれ、この場合にはその人が強い感情を有していると私たちに思わせるものを、拾いだすことができなくてはならない。そして第二に、こうした人間行動の動物における相当物を考えなければならない。動物は金を支出したりピアノを弾いたりしないのだから、その行動から動物が感じていることを見分けようとすれば、私たちが知りたいことを合理的に告げてくれるお膳立てを、多少の創造力を駆使して工夫しなくてはならないだろう。

以上二つの問題は互いに密接に結びついているので、私たちは人間の状況をより厳密にする試みから始めよう。たとえば大富豪がいて、いくらかの金額を貧困地区の学校に寄付したとする。彼は確かに歓迎されるだろうが、所有する全財産に比べて小さい貢献をしたにすぎないだろう。彼は寄付をしたが、彼自身の暮らしぶりとか財力にひき較べてみれば、たいした出費だったわけではない。これに対して、貧乏人が富豪と同じだけの金額を寄付したら、この貧者のポケットは文字通り深い穴があくことになるだろう。貧者にとって学校に寄付することは、掛け値なしに、あれかこれかの選択の問題である。もし学校に金を寄付したら、自宅の修理代が払えなくなるかもしれない。

彼らを比べてみると、二人とも正確に同じ金額を寄付したかもしれないが、学校に対する強い情緒を示したのは、寄付によって彼自身にとって重要な何かを諦めざるをえなかった人、つまり貧者であると結論しなければならないだろう。明らかに、学校は彼にとって問題となるものなので、その後確実に見舞うに違いない個人的な相当の不都合（今年の休暇旅行に行けないのはともかく、雨漏りする屋根も直せないなど）も覚悟してのことだったのである。つまり彼がその行為について強い感情を抱いているという結論に達するには、彼が何を与えた、何をしただけでなく、それを達成するのに何を諦めなくてはならなかったかも重要なのだ。言い換えると、それは彼に何を出費させたかである。富豪が学校に多額の寄付をして懐具合が窮屈になり、その結果暮らしぶりも落ちてきた、そういう場合にのみ、富豪にとっても学校はたいへん重要であったのだと私たちは考え始めるだろう。貧者の一灯の話――寡婦がいちばん低額のコイン、しかしそれが彼女の持っていたすべてであるものを与えた話――

は、少額でも高くつく寄付の典型例ということになる。

金銭は、人々が出費を支払うわりと直線的な方法である。なぜなら固定した限られた収入を何か（たとえばヨットで航海）に支払うことは、しばしばとりもなおさず、別のこと（たとえば食物、家の修理、ヴィデオ・レコーダ等）には金が使えなくなることを意味するからである。こうした状況で人々が行なう選択は、彼らがさまざまな事項に与えた優先順位、言い換えるとそれぞれが彼らにとってどれだけ問題なのかのはっきりした指標となる。しかし金銭は、人々が支払う出費の唯一の方法ではない。若いピアニストがその十代の年月を通して変わらずに、彼女の友人たちが何かを楽しんでいる間も一日四時間を進んで諦めたとする。それは彼女にとってどれほど音楽が重要であるかを、家で練習に費やした時間の間、彼女ができなかった事柄によって示している。一日が二十四時間という制限は、私たち各人が時間をどのように費やすべきかを選択させ、私たちが為すこと――為さずにやりすごすことも含む――は自分にとって何が問題なのかの指標となる。自ら故国を離れ、実質的にはより悪くなるかもしれない他郷へ逃れる人は、彼らにとって逃れることが問題であることを示している。テニス試合のチケットを手に入れるために寒い歩道で夜明かしする人は、最終決定戦を見ることが彼らにとってどれほど問題であるかを示している（テニス試合を見ることは私たちにとっては瑣末なことかもしれないが、彼らはその優先順位がどれほど私たちの優先順位と違っているかを、行動によって示している）。「わが王国を馬のために！」は、戦闘に明け暮れる中世において真に何が問題だったかを示している。いずれの場合にも、何がなされたか、獲得されたかだけでなくて、それを得るために諦めたものが重要である。「問題である」のは単に行為だけでなく、時間や金や所有物、またときには経歴、結婚、世評、一生涯、あるいはただの閑暇で測った出費が問題なのだ。

　人間が出費と考えるものと、いま欲するものを得るために支払おうとしているものの多種多様性は、人間以外の動物が重要と考えていることを尋ねる方法をいかに工夫するかという私たちの第二の問題解決に、糸口がすでに見え始めていることを意味する。人間が自分にとって重要な事柄をこれほど多種多様な方法で表現できるとすれば、人間以外の動物にも同じ事情を考えていいだろう。お金の質問は別として、私たちは自分以外の人間に問うのとそっくり同じ種類の言語でない質問を、動物にも問うことができる。動物は欲しいものを得るために、努力し、時間を費やし、餌をとる機会を諦める覚悟があるだろうか？　小さい檻から逃れるためなら「何でも」したり、雌を獲得するために電流の流れる格子を越える覚悟をした動物は、人間にとって小切手帳や底をつきそうな預金残高が問題であるのと同じくらい、動物にとって何が問題であるかを示している。

　こうして私たちは理論としては、動物にとって何が問題かを、言葉でなく行為を利用して「尋ねる」ことができる。これまで得られたもっとも明瞭な解答は、さまざまな種類の報酬を得るために行動するように動物を訓練した心理学者の実験からもたらされた。こうした実験のいくつかの結果を私たちはすでに知っている。特に第4章では、餌を得るためにハトがキーを突つかなければならない場合や、ラットが回廊を進まなければならない実験を見てきた。あの場合には私たちの興味は、動物がどうやって報酬を得るかをどれくらい賢く解決するかを見ることにあった。ここでは注意を向け直して、とりわけ報酬のためにどれだけ努力しなければならないかということと関連させて、動物が報酬それ自体にどれほど価値を置いているかを見ることにする。それによって、動物にとって何が問題かだけでなく、どれほど問題であるかも学ぶことができる。たとえばハトが食物のためにキーを突つくことを学習した時、ハトは一かけらの食物を得るために一回か二回突つくだけで良かったのだが、もし四回とか八回とかあるいは五十回も突つかなければならないとしたら、それでもハトは突つき続けるだろうか。ハトは、反応しないキーを何回でも突つく努力が、二粒ばかりの小麦を得るのに値すると見なすのだろうか。私たちは報酬の性格を変えることによって、もっと興味深い質問を問うことさえできる。

たとえば雄のハトが正しいキーを突ついたら、餌の代わりに雌のハトを短時間見ることができるようにする(これはドアの影に隠された雌ハトが見えるようにスライドするドアを使えば、いとも簡単に自動化することができる)。餌は何も関係していない場合でも、雄のハトは正しいキーを突つくことを非常に速やかに学習し、雌が現われた時にはしばしば求愛行動を行なうだろう。私たちは、ほんの一瞬雌を見るために、ますます一所懸命働く(ますます多く突つく)必要があるときでも、雄は依然として突つき続けるかどうかを問うことができる。食物のためにと同じくらい一所懸命雌のために働くことを覚悟しているかどうか観察することで、雄が雌を見ることと餌との関係をどう見なしているかを、知ることさえできる。動物が環境のさまざまな面をどのように見るかについてのすべての疑問に、動物が欲しいものに対して働くかどうか(この場合はハトが、どんどん回数をふやしても突つき続けるか)という枠組みのなかで答えを求めることができる。動物が欲しいものを得るために精一杯努力しなければならないように仕組むことで、動物にとって何が問題なのかを知ることができる。その場合、動物は対価を支払うか試みを放棄するか、どちらも自由である。

この方法の素晴らしいところは、ほとんどすべての動物に適用できて、動物の環境のほとんどすべての側面を調べるのに使えることである。ラットやアライグマのように手が使える動物は押すためのレバーや小さいハンドルを持つことができるから、仕事は容易である。大きな鳥には、突つくためのキーを与えることができる。小鳥や、手で操作のできない動物ならば、特別の止まり木に飛び移るように訓練したり、床の上に据えつけたパネルに座るように訓練することができる。魚のようにくちばしも掌も持たない動物でさえ、輪やトンネルを泳いで潜るように訓練することができる。魚の位置を検出する何らかの装置、たとえば光線のようなものがあれば、ある特定の輪を泳いで潜った魚に自動的に褒美を与えることができるし、また水槽のある一隅に行かせることさえできる。こうした各種の課題を動物が学習したさいの「報酬」に何を与えるかも、変化させることができる。スライドするドアからつがいの相手、競争相手、子供を見させることもできるし、何かの方法で彼らと関係をもつ機会が報酬であってもよい。あるいは、報酬は巣を作る素材の一片であってもよく、同種の動物の呼び声の録音を聞かせるのでもいいし、または動物にとって価値があるだろうと実験者が考えるそれ以外のもので、少量ずつを動物に与えるうまい方法を実験者が考えついたものなら何でも報酬とすることができる。動物が報酬とみなし、複雑きわまる課題を学習してでも明らかにそれを手に入れようとする対象は、私たちの流儀の考え方からすると奇怪至極なものである場合もある。珊瑚礁で大量に見られる鮮やかな色彩の魚であるチョウチョウウオ (butterfly fish) は、自分より小さい魚のかなり粗雑な模型を見ることができるのを、報酬と見なしている。自然のもとでは、小さい魚はチョウチョウウオの体表面についた寄生虫を食べて除いてくれる。実際に寄生虫を除去するのはベラという魚で、生活上の役割から掃除魚として知られている。もちろん模型は寄生虫をとり除いたりしないのだが、飼育されているチョウチョウウオは掃除魚の模型を示されるとそれに近づき、実際の掃除魚に対して見せる特別の「掃除の誘い」の姿勢を示した。ジョージ・ロージー（George Losey）とリン・マーギュリス（Lynn Margules）は、そこに餌などなく寄生虫を取ってもらえるのでなくても、掃除魚の模型を示されるだけで、チョウチョウウオが水槽の特定の場所へ行くことを学習するのを発見した。やはり、効用のない模型を見るためだけに何度でも彼らはそこへ行く。

それゆえどれほど奇妙であり、値打ちについての私たちの考えにどれほど遠いものであっても、正しい方法で問うなら、特定の動物が何を欲しているのか、それを得るためにどれだけを支払うつもりがあるかを、私たちは見いだすことができる。もしある動物が、繰り返し何かを見ようとしてかなりの距離を動いていくならば（あるいは反対に、見えなくなるように逃げるならば）、動物はそのもの（またはその欠如）に価値をおいていることを、行動によって私たちに語っている。何を欲しているか、何が望ましいと見ているかを、動物は私たちに語っているのだ。それならば、どんどん高い出費を支払わせるようにして、動物が欲しいものを得るのを困難にしていったら、動物にとって真に重要なものを見いだすことができるだろう。まったく言葉を必要とせずに、動物にとっての優先度、そしてそれを得るためなら何でもやるほど重要か否かが分かるのだ。

私たちの場合、強い情緒を覚えるときの特徴の一つに、それが私たちの心を全部占領してしまうということがある。「燃えるような欲望」を抱く、「情念の虜になる」、これは自分がどれほど強く何かについて感じているかを記述する二つの仕方であり、欲しているものを得るためになら進んで高い出費を払い、それどころか「何でもする」という形で、自分が感じていることを行動へと翻訳する。そして、情緒を感じているときの行為を他人が見ていると、その場合私たちは一つの事柄に全力を尽くしたり、おそらくその途中でそれ以外の多くのことを犠牲にしているだろう。動物は人間の手も人間の言語も持たないが、実験装置をうまく工夫してそれを克服し、現代の電子工学の仕掛け（光束、つ突きキー等々）を活用する才覚が私たちにあれば、こうした行為の相当物は人間以外の動物でも観察することができるだろう。そうすれば、動物にしてみるといくつかのささいな芸当にすぎないようなことでも、私たちには何に動物たちは価値を認めているか、何が動物たちにとって本当に重要なのかを尋ねる、潜在的に非常に力のある方法となる。それは動物たちの世界に向かって開かれた窓である。その窓は言語を通してのみ開かれると思われていた。しかし動物は何を学習するか、動物がそれを学習するのは何のためかということを見つけだす単純な手段によって、窓は開け放たれることが、今や明らかになったのだ。

まぎれもなく偶然だったのだが、マウスとハムスターを使って研究していたA・P・シルヴァーマン（A. P. Silverman）が発見した事例ほど、動物たちにとって何が問題なのか、私たちの心に訴えかけるように教えてくれるものはほとんどないだろう。彼は実際には、動物に何か尋ねるのとはおよそ関係のない実験をしようとしていた。その実験は、タバコの煙を長期間吸い込むときの影響を見ようとするもので、彼が動物をどう扱ったかについて動物側からの「意見」表明を認めるように設計されていたわけではなかった。それにもかかわらず、マウスやハムスターがシルヴァーマンに訴えかける彼らなりの方法を見つけたので、実験は早々に中断するはめになった。

喫煙の長期間の影響を調べるために、シルヴァーマンはそれぞれの動物用にガラス容器を準備して、そこに一定のタバコ煙流がガラス管を通って吹き込まれるようにした。その間ずっと動物は自分の容器の中で生活し、餌と水は与えられたがそれ以外のものは与えられなかった。しばらくして多少とも役に立つ結果が得られる段階のはるか手前で、実験全体は完全に失敗することが明らかとなった。多くの動物が自分自身の顔でガラス管の端を塞いで、容器に入ってくるタバコ煙流を止めることを学習したからである。マウスやハムスターの顔面は、小さくてどちらかというとなめらかな卵形で、この仕事にぴったり合う大きさだった。動物のうち数匹はしっかりガラス管の端に顔を押し込むことを学習し、それによって煙を防いだ。煙を含んだ空気の流れが動物への唯一の酸素供給源でもあったので、事態が理解されるより前に、一部の動物は窒息していた。しかしこのことは、動物たちの「メッセージ」をより明確にするのに役立った。継続して動物たちに注がれるタバコ煙流を受けることが非常に不快なため（結局分かったのは空気の噴射が不快ということだったが）、動物はたとえ彼ら自身への空気供給の中断を意味していようとも、何が何でもそれを止めようとした。実験者が動物にしていることを可能なあらゆる手段を尽くして避けてみせるということを、特に尋ねる計画をしたのではないのに、動物は実験者に「語って」いた。もし彼らに話す能力があったとしても、これ以上明確に表現することはむずかしかっただろう。

偶然に思わぬ発見をしたこのような実験からでも、動物がなにを文字通り重要問題として自分の側で処理するかが分かった。とすれば、もし動物の見解を詳細に調べるために特別に設計された実験を行なえば、私たちがどれほど多くを学べるかは想像できるだろう。このような実験のうち最初の計画的なものの一つは、ブラムベル委員会の勧告がきっかけとなって行なわれた。これはイギリスの政府機関による団体で、集約飼育舎に閉じ込められた動物の福祉を調べるために一九六〇年代に設けられた。この委員会は先駆的な見通しのある人々の集まりで、彼らの勧告はその時点で非常に画期的なものであり、二十五年以上経っても依然実現していないものも多い。この委員会は当時そうした衝撃力を持っていたし、報告書公刊によって畜産用動物の状態を大きく改善するのに貢献した。それゆえここで委員会勧告のうちの一つを、委員会の人々が助けようとしたまさにその動物が結果として否定した例として選び出すのは、いささか公平を欠く嫌いがあるかもしれない。しかしやはり、いかに善意の人たちでも必ずしも動物自身にとって何が重要か知っているわけではないことを、その事例はよく示している。

ブラムベル委員会が勧告した多くの事項のうちに、孵卵中の雌鶏を鶏舎に飼うとき、檻の床面は細かい網目（鶏舎用の金網）で作らず、太い針金を編んだ頑丈なものを使うべきだろうというのがあった。彼らがこのように主張したのは、立っている雌鶏の足にとっては、太くてしっかりしている網の方が、足の周囲で沈んでしまう細い網よりもより快適だろうと考えたからである。委員会報告書の公刊の後、エディンバラの家禽研究センターと当時呼ばれていた所に勤務していたバリー・ヒューズ（Barry Hughes）とアーサー・ブラック（Arthur Black）は、雌鶏はどんなものに止まるのが好みなのか見ることにした。彼らはブラムベル委員会報告書が論じていた異なる種類の床面を雌鶏が選択できるようにして、どちらが選ばれるか観察した。二種類の床面の間を雌鶏が自由に歩きまわれるようにした上で、雌鶏がどこに立っていたか十秒ごとに記録をとった。たいていの人が驚いたことに、雌鶏は委員会が良しとしていた太い針金よりも、（委員会が非難した）金網を好んでいるようだった。雌鶏は、太いゲージの針金よりも、快適でないと考えられていた金網の方により長時間とどまった。檻の底から雌鶏の足を見上げるように写真を撮ってみて、理由がはっきりした。金網では一本一本の足が多くの別々の細い針金によって支えられるので、針金の各一本は細いとしても、足は多くの異なった点で支えられているのが見られた。しかし太い網では針金の本数が少ないので、一本ごとがより多くの比率で雌鶏たちの体重を支えることになる。これは雪靴を履いて立っているのか、ハイヒールみたいな靴を履くかの違いと似ている。ある重量が多くの接触点にわたって分布している方が、一点だけに重量が集中しているよりもはるかに耐えやすい。

この例は、動物が何を好むか、嫌うかについて一足飛びに結論を出す危険性を明らかにしたが、実際には、雌鶏がその環境を見ている正しい像を与えていない。たとえば、雌鶏がそもそもバタリー・ケージに入れられているのをどう考えているか知る指標とはならない。なぜなら二種類の針金の床材の間を選択するのは、二種類の不幸の間で選択をするのだということもできるだろう。雌鶏はどちらの種類の針金も、特に快適とは思わなかった可能性がある——雪靴を履いているか否かで、立たされているのが好きかどうかを言えないのと同じだ。雌鶏がその環境について本当に感じていることを理解するには、立っている床の種類が雌鶏にとって〈どれだけ〉問題なのか知る必要がある。足の下にあるものが何であっても、雌鶏にとってたいした問題ではないならば、雌鶏は自分の立つ床の種類に関して強い感覚を持っていると言えないだろう。しかしたとえば、足で引っ掻くために何かぼろぼろしたものの存在が雌鶏にとって非常に重要ならば、もし彼らがいつでも間違った床の上にいると気づいたとき、強い感覚が巻き起こるだろうと結論したくなるかもしれない。雌鶏は床材について大変強い情緒を感じているので、床が針金でできた檻に閉じ込められていると、深刻な欠乏とか苦痛を経験するとさえ述べたくなるかもしれない。そこで私たちは、雌鶏が対価を払うことのできる実験によって、正しい床の上にいるために実際に対価を払うかどうかが示される方法を工夫する必要がある。

もし雌鶏に真の選択が与えられたら、つまりバタリー・ケージの中でそこに立つように人間が強制した人工的な針金の床でなしに、引っ掻いたり砂浴びができる自然な床も選択する機会があるようにしたら、泥炭、土、木の削り屑などの望ましい床が選ばれ、前に選ばれていた金網の床は見捨てられるだろう。ニワトリの野生祖先種であるヤケイ（野鶏）は、好物である竹の微細な種子を隠している落ち葉の覆いを引っ掻くことに、長い時間を費やす。こうした生活をしていた祖先の記憶は、現代の集約農場のかごに入った世代にも引き継がれているようである。ゆえに高度に家禽化された種でさえも、食べ物を得るために引っ掻く同じ衝動——もしその機会があれば——を持っている。引っ掻いたり掻きまわしたりできるものをそれまで見たことも接したこともなく、針金の床の上でずっと育ってきた雌鶏が、四ヵ月になって突然木の削り屑や泥炭の床に接触を与えられたとする。こうした未経験の雌鶏さえ、それまでずっと知っていた金網の床よりも自然の床の方を、即座にかつ強く選択する。雌鶏たちは砂浴びをし、泥炭の粒子を食べ、足で引っ掻く。柔らかい床が与えてくれる番外の楽しみだけでなく、そこでなしうる行動のすべてが雌鶏を魅了するのだ。

この自然の行動は雌鶏にとって非常に重要なので、雌鶏は「適切に」（つまり本当の土や木の削り屑で）その行動をとれない場合でも、その真似をする。床が金網のバタリー・ケージで飼われていて、引っ掻いて砂浴びする飛び散る材料が与えられていないヒヨコにも、砂浴びの一連の動作がしばしば観察される。うずくまって羽を立ち上げ、床に自分をこすりつけ、ありもしない砂を自分の背中に飛ばす。まるで本当の砂が自分の羽に飛ばされているかのようにふるまうが、実際には何もない。砂を与えられていないこのような鳥たちに、木の削り屑や泥炭のような砂に近いものを与えると、大騒ぎで砂浴びを行なう。何度も何度も繰り返して、明らかにいままで実物では出来なかった分を埋め合わせているように見える。

こうして、選択肢を与えられれば雌鶏が砂浴びを選ぶこと、何も適当な材料がないときでも砂浴びにこだわり続けること、ついに本当に砂浴びできるようになるとひたすら没頭すること、というすべての規準に照らして、足元にふさわしい材料があるのは彼らにとって重要であることが示唆される。雌鶏は砂浴び（および掻き散らす材料を相手にして行なう引っ掻きや餌探しの行動）に、高い優先順位を与えているように見える。雌鶏が対価を払わないと引っ掻いて砂浴びする材料に近づけないように設定すると、この結論が確かめられる。

雌鶏が欲しいものを手に入れるために、対価を払うようにする設定方法はたくさんある。たとえば食物や落葉や巣箱や他の雌鶏や新鮮な草、その他何かを雌鶏に与えることにして、しかしそのためにはキーを突つかなければならない仕掛けにすることは簡単である。しかし雌鶏と、彼女が欲しがっているらしいものの間に隙間を設けて、それを障害とすることはもっと簡単であり、野外のニワトリや鶏の原種であるヤケイが出逢う状況にもっとも近い。雌鶏の払うべき対価は、この隙間の大きさによって変わってくる。隙間が大きくて雌鶏よりもずっと広ければ、対価はほとんどあるいはまったく課されない。雌鶏はただ歩いていって、欲しいものを手に入れるだけである。しかし隙間が狭くて、雌鶏が体を押しこんでやっと通れるくらいであると、かなりの対価となる。壁の片側に餌を置き、反対側には餌の見える位置に空腹の雌鶏を置くと、雌鶏がこのような隙間を対価と見なしているのが実証できる。このような状況では雌鶏は躊躇する。しかし十分に空腹であれば、長い時間をかけはするものの結局通り抜ける。ゆえに雌鶏はそれを対価と見なしても、時には払うつもりになることが明白である。

雌鶏にとってどれほど重要であるかを調べるために、違った種類の床を設け、不本意ながらでも隙間を通り抜けてそちらに行くかどうか、この尻込みの程度を利用することができる。オックスフォード大学のノーマ・ブービア（Norma Bubier）は、雌鶏にさまざまな種類の床や針金や落葉や草を与えて、欲しいものを手に入れるために、ときには何も対価を払わないように（隙間を広く）し、ときには犠牲を払って狭い（九センチ）隙間に体を押しこまなければならないように工夫した。雌鶏の好みを比較するために、巣箱に行く、止まり木に止まる、餌を食べられる、他の雌鶏と一緒にいるなどの機会を、やはり隙間を通るか通らないか、両方の場合に与えた。引っ掻く落葉や、卵を暖めるための巣箱が雌鶏にとって問題である場合には、彼らは何としてでもそれを手に入れようとした。砂浴びできる材料からなる床にたどりつくためや、餌に届くためや、巣箱に入るために、雌鶏が繰り返し狭い隙間を通り抜けるのを、ブービアは観察した。巣箱に対する雌鶏の反応は、ちょうど卵をかえす短い日々にとりわけ顕著だった。狂ったように巣箱を探し、他のことは全部放っておいても巣箱にたどり着くまで必死に障害を通り抜けようとした。卵をかえす適当な場所を見つけることに高い優先順位が置かれていることは、巣箱のない状態でケージに飼われている多くの雌鶏が、少なくとも一日に一回は巣箱が見つからないという強度の欲求不満を経験することを意味している。

砂浴びの材料と巣箱が雌鶏にとって非常に重要であるという点を、いささか異なった方法で強調するために、他の雌鶏に対する反応の仕方についてブービアが得た実験結果を見てみよう。雌鶏は社会的動物であり、概して一羽だけでいるよりは、他の雌鶏のそばにいることを選ぶ。特に自分の知っている雌鶏の傍を選ぶ。仲間と群れるか一羽だけでいるかを選ばせると、たいてい群に入るか、少なくとも群のかなり近くにいることを選ぶ。だが落葉や巣箱を得るためには無理に我慢して通ったのと同じ幅の隙間を与え、それを通らないと他の雌鶏の傍に行けないようにすると、雌鶏は他の雌鶏の傍に行かないことをブービアは発見した。砂浴びの場所を得るためには喜んで払う対価を、他の雌鶏と交流するためには払わない。雌鶏は生活の大半を他の雌鶏と交流して過ごすので、社会生活が重要ではないかと思われていただけに、これは大いに注目すべきことだった。ヤケイや放し飼いの雌鶏の小さな群は、全員一緒に動きまわって、群の中で高度に発達した突つきの順位をもつ傾向が見られる。しかし雌鶏にとっては砂浴びができ、自然なやり方で餌を食べ、必要なとき巣箱に近づけることの方が、仲間と一緒にいられることよりも重要であるようだった。

こうして、研究対象とする動物に特別に合わせて設定した対価をうまく利用すれば、その動物にとって何が本当に問題なのかという意味のある問いかけができる。私は雌鶏にかなりつき合いがあるので、いままで卵を抱く雌鶏から例を引いてきたが、どんな動物にも同じ一般的なアプローチを使うことができる。これ以上違う動物も少ないほど違う二つの別種の動物を見てみよう。豚とベッタ

(Siamese fighting fish) である。

豚は知能があり、食物を得ようとする熱い意志を阻む強固な装置を作っても、その装置からなんとか食物を得ようとして必ず問題を解決し、実験に立派に協力してくれるので、いま論じてきたタイプの研究には理想的な動物である。一番いいのは、豚に鼻で押すことのできる丈夫な金属のパネルを与える(ハトについばむキーを与えたように)ことである。豚はパネルに頭をぶつけ、興奮してブーブー鳴いたり、キーキー悲鳴を上げたりした後、食物めがけて突進する。正しい反応をすれば食物にありつける。したがって豚のトレーニングがひとしきりあると、誰かが乱暴に投げ飛ばされて苦悶の叫び声を上げるようなすさまじい物音がする。しかし装置を十分頑丈にしておけば、豚はパネルを押すと食物が手に入ったり、明かりがついたり、わらの寝床に通じるドアが開いたり、その他何でもこの実験で豚に褒美として与えると決められたものが手に入ることを、すみやかに覚える。

ドイツのトレントトルストのレスリー・マシューズ (Lesley Matthews) とヤン・ラデウィッヒ (Jan Ladewig) は、食物に対する情熱に比べて、他の豚と接触する機会を豚がどのように見ているかを調べることにした。豚も鶏と同様に非常に社会性があり、ある実験で、他の(知り合いの)豚と鼻を突き合わせるという褒美を得るにはパネルを押せばよいことをすぐに覚えた。豚がパネルを押すたびに二匹の豚の間を仕切るドアが上がるので、互いの匂いを嗅ぎ合うことができる。他の一連の実験では少量の食物を褒美として与えると、豚はやはり食物を求めてパネルを押すことをすぐ覚えたが、これは驚くには当たらない。

その後マシューズとラデウィッヒは、二通りの一連の実験を行なった。一つはパネルを押すと二十秒間社会的接触を得られるもの、もう一つは濃縮した豚餌を二七グラム与えられるものだった。どちらの実験でも、褒美を得るために豚がしなければならない「仕事」は、最初は一回分の食糧（または一回の社会的接触）に対して一回パネルを押せばよかったのが、徐々に二回、五回、十回、十五回、二十回とふやして行き、最後は三十回にした。つまり褒美に対する「対価」は、実験の最後には当初の三十倍になったわけだ。食糧に関する限り、豚は仕事を続けた（つまり褒美一つに対して何度もパネルを押す対価を払い続けた）。彼らが手に入れた褒美の餌の数はほとんど変わらなかった。払うべき対価がどうなっても、彼らは重くなる努力に適合した。食物は豚にとって、対価の大きさとほとんど無関係に入手しようとするほど問題であることが明らかだった。しかし社会関係に対する豚の態度は非常に違っていた。一回だけパネルを押せば他の豚と二十秒間接触できる場合はパネルを押していたが、対価が大きくなるとやめてしまった。ちょっとの努力でできるときは、他の豚と鼻を合わせるのは「価値」があるが、何度もパネルを押さないと手に入らない状況では、それほどの値打ちはないのだ。このような特別な状況下では豚にとっては、付き合いよりも食べることの方が重要なのは明らかだった。

同様に雄のベッタ［キノボリウオ科の魚、Betta splendens］を使った実験でも、付き合いよりも食べることに高い優先順位があることが証明されている。この魚は攻撃的な性質を血統の目安として育種されてきたので、攻撃性にもっとも優先順位が置かれていると考えられる。この魚、が闘いや少なくとも他の魚に対して闘いのディスプレイを示す機会を、価値ありと考えていることは確かである。トロント大学のジェリー・ホーガン（Jerry Hogan）が率いる動物行動学のグループがこの魚を訓練して、短いトンネルを泳いで通れば二十秒間自分を写す鏡を見られるという褒美が得られるようにした。トンネルの端に食物はなく、敵となる魚も実際にいるわけではないが、雄のベッタは鏡に映った自分自身を他の魚と感違いして、本当の魚に会ったときのように鰓蓋《えらぶた》をもちあげ鰭《ひれ》を逆立てる。鏡に映った魚（もちろん攻撃的に動いている）の姿によって、彼らはますます猛々しくなり、明かりが消えて鏡が反射しなくなるまで二十秒間ずっと自分自身と闘う。

雄のベッタにとって、鏡に向かって脅しをかけることは非常に価値があることなので、トンネルをくぐって何度も繰り返す。しかし鏡を見るためにはトンネルを二度も三度も通らなければならないようにして、わずか二十秒間鏡を見るために最高六度まで対価を増やすと、やる回数がぐっと減ってしまった。払うべき努力が多くなるほど、努力を払わなくなった。六回もトンネルを泳いでようやく敵をちらりと見られるという場合には、それほどの対価を払ってまで鏡を見ようとはしないように見えた。一方、トンネルの端に食物を置いた場合は六回繰り返して泳ぐことも厭わなかった。食物が容易に手に入る（一回トンネルを泳いで降りれば手に入る）場合も、食物がなかなか手に入らない（六回泳いでやっともらえる）場合も、食物を入手するためには同じだけ働いた。これらの理由から、彼らにとって食物は闘いよりも重要であるように見える。

いままで見てきて、動物に何が重要であるか「尋ねる」という可能性は非常に大きく、「質問」を正しく設定する私たちの想像力に限界がない限り無限であることが、はっきり分かるだろう。動物がある状況では逃げ、ある状況では近づくような単純な反応でも、彼らが何を好み、何が嫌いかという最初の手掛りは与えられる。しかし、さまざまなものに対する「対価」にどこまで耐えられるか測定する技術が加わると、さらに進んで、いろいろなものが動物にとってどれだけ問題であるかが分かる。動物は好むものをただ選んだり、表現したりするばかりではない。選ぶものに値段をつけさせるように設定できるので、あるものが動物の生活において他のものと比べてどれほど問題であるかが分かる。このような状況では食物が有用な物差しになる。食物の必要性は大なり小なりすべての動物の生存に普遍的な部分だからである。食物を得る機会も含めて、他のすべてを諦めてでも手に入れたいほど高い優先順位をもっているものは何かを、その行動によって私たちに教えてくれる動物は、そのものがどれほど問題であるか、そのものへの要求によってその動物の生活がどの程度まで支配されているかについて、非常に多くを効果的に物語っている。この章の最初で、「情緒」を感じるということの特質の一つは、あるものへの要求によって支配されるというまさにこの意味、欲しいものを手に入れようと追い求めたり、嫌いなものからどうにかして逃れようとする意味であると考えた。情緒的な状態は、行動が起こりそうな身体の状態というだけではない。それは身体全体がある一つの方向に一時的であれ方向づけられる状態であり、心の注意がその一つの目標に特に集中した状態である。

他の動物の場合にもその行動と意志決定の過程は、かなりの努力を払ってでも、また他のことを捨てるという対価を払ってでも、特定のものを求める要求に支配されていることを見てきた。さらにまた、情緒という言葉で私たち自身について表現しているもののかなりの部分が、他の動物にも存在するように見えることを示してきた。私たちには空腹時に食べたときや、安全な場所を見つけたときのような「積極的」な情緒があり、こうしたすべての結果として、私たちはそういう経験につながる行為を繰り返そうと欲する。私たちにはまた食物がないとか、付き合う相手がいないとか、怪我をするなどの状況に伴う消極的な情緒もあり、これら全体の結果として、そういうことに至る状況は避けようと欲する。他の動物もまた、再度の繰り返しを学習したり反復再現させようとする状況と、反対に明らかにこれ以上二度と繰り返したくない状況を、どちらも経験する。だからこの点においてもまた、軽く見逃せない著しい並行性がある。しかしそれで十分だろうか。情緒とは接近または忌避のしやすさ、さらには接近または忌避が脳での意思決定の過程を支配するその程度であると定義しておけば足りるだろうか。まだ情緒のもっとも重要な側面、痛み、喜び、苦しみ、孤独、楽しさその他、私たちが「情緒的」と表現する経験を意識で感じることが、置き残されているのではないだろうか。情緒はただ私たちが〈行なう〉こと以上のものであり、行なうことに対して私たちがどう〈感じる〉かに圧倒的な係わりを持っているのではないだろうか。他の動物が情緒を持つかどうかの問いで、動物が取るいくつかの行動は私たちと同じと結論したかもしれないが、動物が私たちと同じように感じているかという重要な問題については、まだ答えが出ていない。

この問いへの答えがまだ捉えられていないと聞いても、あなたは驚かないだろう。私たちは他の動物の行動や生理学については好きなだけ研究できる。しかし食物に対する動物の欲求には私たちが「飢え」と呼ぶ不愉快な経験が伴うのか、また動物が子を護るときの積極的な防御には、私たちの同様の行動に伴っている愛情や保護の情緒が伴うのかは、はっきり知ることができない。いままでずっと見てきたように、私たちは他人が感じることを確実には知りえないという似た問題を抱えているのだが、それでもなお通常は他人に感情移入して、この振舞いを他人が示すときには、自分が同じ振舞いをする場合とほぼ同じものを感じていると仮定している。言い換えれば、他者の個人的世界と自分との間にある論理的には橋の架けられない溝を越えるのに、類推による証明を用いる。他人のすることがこれで理解され、予測されるように見えるので、類推による飛躍は充分に言い訳の立つもので、欠陥論理と分かっていても、そうひどい間違いを犯したわけでもないと私たちは思う。不可能と想定されているものに対しては、ごく正常で筋道の通ったことのように見える。

人間を相手とした類推の「飛躍」は、知らない動物の心の暗闇に飛び込むのに比べたら、つながった階段を一歩ずつ登っていくようなものだ。私たちはいくつかの点で他の人間と非常に似ているので、いわゆる類推の飛躍も、小道の敷石から敷石へ足をはこぶ程度のことにすぎないように見える。小さな論理の切れ目は努力なしに越えられるので、他人の情緒や経験は知りえないと主張し続ける方が馬鹿げて見える。

他人の行動にもとづいて他人の情緒を大なり小なりほぼ確実に正しく推量できることは、もちろん他人が私たちに似ていることからきている――外見も行動も似ている。他の生物では類似がもっと低いのは明らかで、他人を類推するのに小さな階段でいいとすれば、人間以外の生物に対しては未知の惑星にロケット打ち上げが必要というくらいのものだ。少なくとも私たちはそんなふうに思うかもしれない。しかしカナダの生理学者マイケル・カバナック（Michael Cabanac）が行なった一連の非常に注目すべき実験は、私たちがはるかに多く必要ではないかと考えていた類推の飛躍を、手に負える程度のものにした。それは実際上、ある感覚と情緒については動物に対しても他の人間に対するのと同程度の類推でいいと述べたも同然であった。おそらく人間の場合よりは敷石の間隔が少しばかり遠くなり、人間ならば一枚ごとにスムーズに進むのに対して、飛び石伝いに川を越えるくらいの感じにはなるだろう。それでも前途に道はたしかにつながっていて、先へ進むときいくらか余分の努力を要するにすぎない。

カバナックは機能上の理由にもとづいて、生理学と行動と意識的感覚の間に密接な関連を見ている。彼によれば私たちが飢えの感覚を経験するのは、それが食糧の欠乏を調整し食物を調達する私たちのメカニズムの一部だからである。また恐怖と苦痛を経験するのは、それが生命を脅かす状況を回避させる身体の方法の一部だからである。彼には疑問の余地はない——意識経験は生存を助けるためにあるのだ。彼の実験は、人間の中にあるこのメカニズムの生理学的および行動的な部分と他の生物のそれらが非常に似ているので、両者の意識経験もまた似ていると推定するさいの類推の飛躍も、最小限で済むことを示している。

彼の実験の一つは、ラットと人間が甘味物質の味覚に対して示す反応と関連があった。この実験を人間に行なうときは既知濃度の砂糖溶液を作って味わってもらい、主観的な経験を報告してもらった。経験の記述方法は正確であるように依頼し、彼らが砂糖溶液をどれくらい美味または不味と感じたか点数をつけてもらった。非常に美味なら+2点、美味は+1、非常にまずければ−2点、まずければ−1、おいしくもまずくも感じなければどちらでもないとして0点。カバナックは食事直後とか、別の甘い飲物を飲んだ直後などのようなさまざまな状況で、人々が飲んだときの主観的な点数づけの変化をグラフにした。食事の直後や別の甘いものを飲んだ直後は、砂糖溶液のおいしさの点数が劇的に下がり、それからまた点数が上がってくるのは驚くほどのことではない。女性の場合は、月経周期のどの時点かによっても甘いものをおいしく感じる感度は変わり、月経周期のある時点では他の時点よりも甘いものを好むという結果が出た。

それから彼は他の動物に目を向け、やはり甘い液を好むラットで実験した。飲んだ時どう感じたか報告してくれとラットに頼むことはできないが、さまざまな状況のもとでラットがどれほどの量を飲むかによって、同じように点数をつけた。カバナックは、ラットがどれだけ飲んだかにもとづいた点数が、人間が報告した「おいしさ」の主観による点数とほとんど同じであることを発見した。食事をとった直後の人は砂糖溶液をあまりおいしく思わなかったのだが、餌を食べた直後のラットも多く飲もうとしなかった。長時間何も食べていなかった人は美味（+2）と述べ、同様に餌を与えられなかったラットは大量に飲んだ。人間の意識経験の報告とラットの飲んだ量と、両方のグラフをプロットしてみると、二つはまったく同じ形となり、内容を知らない人が見たらまったく同じ方法で測定したグラフと思うに違いないほどだった。

このことによって人間とラットの間に類推を設け、行動が似ているだけでなく意識経験も似ていることが強く主張できる。私たちは（自分と他人の間に「安易な」類推を行なって）、誰かがある飲み物を「非常においしい」と言ったならば、自分で何かがおいしいと発言するときに経験しているのと同じ意識経験を、彼または彼女がしていると考える。摂食直後の人間とラットの行動と生理学的な変化に強い並行関係があることから、人間とラットとの間にさらに「危険な」類推を行なってもさほど法外なことではなくなる。ラットの身体と人間の身体が食物の欠乏に反応する仕方は大変よく似ていることが、非常に多くの研究で示されているので、たとえば肥満の研究などでラットは人間のモデルとしてよく使われている。もちろんラットのモデルは（人体とよく並行した結果を与えるという意味で）、あらゆる意味で役に立つが、意識経験だけは別だということも、論理的には言える。ラットは情緒のない小さな機械であり、私たちの身体も同様に動く機械だが、たまたま私たちには意識経験がありラットにはない。そんなふうに考えることも可能ではあるが、ラットが食べることに関して私たちと共通する生理学と行動を持つのならば、飢えを満たすことに関連する意識経験も共通するという見解よりも、妥当性において遜色があることは明らかである。

似ているように見えるのは、人間とラットの味覚ばかりではない。カバナックは人間とラットが気温の変化に反応する仕方についても実験して、これもよく似ていることを見いだした。たとえば摂氏二〇度の気温に対して、私たちは自分として暑すぎるか寒すぎるか次第で「非常に快適」と言ったり「非常に不快」と言ったりするが、暖気や冷気を与えるレバーをラットに与えたときの行動にも、人間が報告するそうした意識経験とよく並行したものがある。ラットは頭部が暖かいと皮膚を冷やそうとし、頭が冷やされていると体を暖めようとする。正常体温からかけ離れた温度を私たちは不快と言うが［体温維持に好都合な室温が好適なのであって、室温三七度が快適というのではない］、ラットも自分の温度とはひどく違う温度であると、レバーを使って環境の温度を上げ下げしようとするし、自分の温度と違えば違うほど必死に環境の温度を変えようとする。

ここでもまた、特殊な弁解を必要としないもっとも単純な仮説は、人間とラットが私たちの観察可能な点（口頭での報告や行動）において類似しているゆえに、観察不可能な点（意識経験）においても類似しているというものである。分析の最後においては、他の生物が意識経験をもつと結論するのに類推による証明を部分的には論拠としなければならないが、それでもそれは類推による証明のうち非常に限られた部分であって、他の動物が何から何まで「私たちと似て」いるという考えとはわけが違う。類推のこうした最小限の使用は、情緒の状態を意識して自覚（覚知）しているかという基本的な二分法において、他の動物も私たちと同じ側にあることを述べているにとどまる。動物たちは、不愉快な情緒状態を知るということを共有している。これは私たち人間の場合だと、苦痛、欲求不満、渇望、悲しみ、その他、私たちが「不愉快」、「どんな犠牲を払ってでも避けたい」、「苦しい」と単純に言うような多数の消極的情緒に細分される。動物はまた、私たちが「喜び」、「楽しさ」、「達成感」と表現するような幸福な心の状態を知ることも共有している。ただしこれらの心的状態は、現在の議論のためにはそれほど厳格な分類を必要としないだろう。

重要なのは他の動物が、広い意味で「快適」または「どんな対価を払ってでも手に入れたい、繰り返し手に入れたい」と感じる心の状態を自覚しているように見えることに尽きる。どんな動物もその動物固有の快＝不快軸による分岐をもっている可能性があり、その中には人間の軸と一致するものもあり、私たちの軸とかなり違うものもあるだろう。それらがどんなものかについて詳細に知るのは、今後の課題である。現時点では、一方は苦痛や苦しみ、他方は喜びという私たちの経験に近い何かが、少なくとも他の動物にも起こるということに十分妥当性があるという推論だけを、私たちは必要としている。他の動物にも好きなことと嫌いなことがあり、それを得ることまたは逃れることが生活を支配したり、目標達成のために高い対価でも支払うほど重要なものもあることが分かった。またカバナックの証拠から私たちが知ったのは、他の動物と私たちの並行性は少なくともある状況では非常に高いものがあるので、情緒の行動的および生理学的側面が、何が起こっているかの意識的な認識なしに、つまり刺すような痛みや湧き上がる喜びをまったく伴わないで起こると否定することには無理があるだろうということである。

私たちは、他の生物の心の中で起こっていることを理解するという目標をほぼ達成したようだ。この章で情緒に関して集めた証拠と、前章で他の動物の思考について集めた証拠をたずさえて、意識そのものという要塞への最後のアプローチに向けて、出発準備は十分というところだろう。

6 証拠のバランスをとる

アライグマ

「もちろん、ありそうもないことさ。しかしそれでも、起こるかもしれないんだ。」「よしてくれ、デーヴ。君は何を予言してるんだ？どこに賭け金を積むつもりだ？」

フレッド・ホイル『暗黒星雲』

本書を通して私がしようとしたことは、一方では「意識」と私たちが呼ぶ個物にこもった知覚と、他方では動物がその行動などの形で公的な（多数者共通に公開された）詳細な調査に提供するものと、この二つがはっきり違うものであるのを明らかにすることだった。「思考」や「計数」でさえも、その過程は目に見えないだろうが、その〈結果〉はおもてに現われるものとなるので、後者の公的な区分けに入ることが、本書で明らかになったことを願っている。したがって動物が「対象の位置を外挿する」というときに、実際の外挿の過程は観察することはできないが、真にこの操作をやっていれば動物がするはずのことについて、予測は立てることができる。たとえば動いている対象が消えたとき、動物はそれが消えた場所でなくむしろ再び現われるはずの場所に行くことができるはずだ。動物の頭の中で行なわれていることを私たちに教えるのは、動物の行動である。同様にまた、動物は数が数えられると主張するならば、異なった情況の下で動物がするはずのことについて、いろいろの予測を立てることができる。たとえば「数えられる」馬は、そばにいる人間が出題された問題の正しい答えを知らなくても、正しい回数だけひづめを鳴らすはずだというように。賢馬ハンスが本当に数えていたのではないことを私たちに教えたのは、ハンスの「心」の奥底についてのちょっとした吟味ではなく、回数を間違えてひづめを鳴らしたこと（まさにおもてに現われて観察できる事件）である。同じく、見慣れない物体をさまざまな数で見せられたときにオウムのアレックスが〈言った〉こと（誰にも聞こえる）から、アレックスが数についてある概念を持っているという結論が導かれた。動物の頭の中で行なわれていることについてこのような仕方で結論を引き出すのは、物理学者がさまざまな情況下で起こることの予測にもとづいて、見たこともない素粒子について結論を出すときの手続きと同じことであって、それ以上に神秘的でもないし、非科学的なわけでもない。物理学者は素粒子を観察することはできないが、それが生む影響は観察できる。

すでに見てきたように、意識の場合には状況がずいぶん違っているように見える。たいへん多くの人々が他の動物（あるいは他人）が意識的かどうか私たちは「決して知ることができない」と強調しているが、これは決定的な予測ができないという理由からである。考えつくすべての予測——たとえばハンマーで叩いたら意識的に痛みを経験する者は叫び声を上げるだろう——に対して、それに対抗するある種の影の予測——実際には何も〈感じて〉いなくても、ハンマーで叩くと人々は叫び声を上げるだろう——があるはずだ。私たちの予測はどうやってもこれらの影から、そして「本当の」感覚と、感覚している「かのように行動すること」を区別するためにできることは何もないという永遠の呪縛から、逃れることはできないように見える。これはまた、意識の研究がしばしば非科学的と考えられる理由でもある。科学は予測の上に繁栄し、何の予測もできない学説は、したがって非科学的だと決めつけられる。

ここで私は、意識を知覚すること〔conscious awareness を以下では〈意識の自覚〉と訳す〕の存在は、いつも主張されているほど本当に試験できないものかと尋ねたい。つまり個的の意識（おそらく試験不能）と、本書でずっと問題にしてきた公的の行動（試験可能）の区別は、一見するほど本当に抜きがたい困難を課するのかと質問したい。そうでないと論証できれば、本書の主要な関心——動物の意識の存在とその意義は何か——について結論を引き出すのに、もっと立場がよくなるだろう。

多くの科学者にとって、二種類の疑問がある。答えを見つけられそうなもの（地球の起原から腎臓の働き方まで各種）と、決して答えを見つけられそうにないものである。意識は、私たちの世界の全現象のうちで、第二の範囲に入るほとんど唯一のものだろう。科学にはまだその答えの知られていない多くの疑問があるが、それらのほとんどはいつか、おそらく私たちの技術やデータ処理の方法が改良されたとき、答えを見つける手段が分かるだろう。十分な答えにはまだ遠いが、どのようにして一つの細胞から胎児が育つのか、重力とは何かを発見することは、原則的に可能である。だが意識は、原則的にさえも近づき難いもののように思われる。他の生物に意識があるかどうかを発見できるのか、その方法さえ見当がつかない。ここでの障壁は論理的なもので、技術的もしくは知的な欠陥のためではない。これが、少なくとも正統的な見方である。ここで私はなぜそれが間違っていると思うかを説明したい。

意識の自覚はさまざまな面でその所有者に有利だったから発達してきたというのが、本書を貫流するテーマの一つだった。それを所有するのは人間だけで、私たち以外の動物には見られない可能性はある。しかし仮にそれが真相だとしても、私は生物学者として、人間はこの属性を持つことから、進化の面でなにほどか得るものがあったという見方に、やはりこだわりたい。この見方は私だけのものではない。動物学から心理学、哲学にわたる多くの人々が意識の「機能」について語り、それが与えるかもしれない利益を措定している。重要な点は、もし意識が機能を持つならば、〈効果〉をも持たなければならないということだ。そして効果を持つならば、その効果は原則として検出可能なはずだ。この点をはっきりさせるのに、一つの比喩を用いよう。

自動車の性能を高める機能を持つ素晴らしい仕掛けを発明したと称する人に、出会ったとする。その仕掛けが付いている車もあるし、付いていないものもあるが、読者はどちらがそれか知ることができない。なぜならその仕掛けは、金輪際検出することができないのだ。それは見ることも、聞き分けることもできず、触れることもできず、場所をとらない。さらに発明者が言うには、車の性能——加速の速さとか燃費——に対しても何も影響がないので、車にそれが付いているかどうか知る方法はないという。その手前のところまでは、読者は感銘を受けているかもしれない。これに類するあらゆる「不思議な」近代的発明には慣れているので、見ることができないブラック・ボックスと言われても、とりわけ驚かされることもない。しかし性能に対してもまた、観察される効果が何もないと彼が言うところで、読者は何か間違ってると考えはじめることだろう。

その発明は性能を高める機能があると主張したいのならば、性能の何かの側面（もしそれがまだ読者には測定できないものだとしても）が増進されるのでなければならない。もし彼の小さなボックスがまったく何もしないなら、それが機能を持っていると正当に主張することはできない。ボックスは機能を持たないのか、あるいは数分間エンジンの寿命を延ばすといったきわめて検出困難なものであるにせよ、自動車のある面に対してそれが与える効果は検出可能なのか。どちらかでなければならない。機能を持ちながら効果は生じない、と言うことはできない。機能ありと称して妥当なものならば、効果がなければならない。

意識の場合、効果を全然示さない機械に熱中する発明者と同じ間違いを起こさないように、よくよく用心しなければならないだろう。二つのうち一つの道を取ることで、私たちは彼と同じ間違いを避けることができる。一つは、意識はなんら機能を持たず効果も持たないので、それは検出できないのだと言うことができる。つまり私たちは「随伴現象主義者（epiphenomenalist）」として知られるものになり、意識をまさに観察可能な出来事に「重ね合わされたもの」と見なす（接頭辞 'epi' は上とか上方を意味する）。基本的には意識を、ある状況において生ずる（たとえば脳がある複雑さのレヴェルに達したとき必ずとか人間だけとか何でも好きな観点でいい）、別個だが不干渉の現象と見る。もう一つは意識を、あるやり方で行動に干渉するものの道として、意識は何かの仕方で行動に干渉するもの、意識をコントロールする機構の一部とする見方がある。意識を、行為をより確固たるものにしたりとか、将来に向かってより良い予測を立てたりとか、何らかの助けをするものとして見る。進化的機能と検出可能な効果の両者をともに持ち、意識をもつ動物とそれを持たない動物は何か観察可能な違いをもつ、そういうものとして意識を見ることは可能である。

これら二つの見方はどちらも、論理的に首尾一貫している。首尾一貫しないのは、意識は機能を持つがそれを検出することは決してできないという合成の見方である。それゆえ私たちは、意識の機能と進化について語ることは全部止めにして厳格な随伴現象主義をとるか、あるいは意識の機能について語ることによって、ある動物に意識があるかどうかをその行動から決定することが原則的に可能だとする観点に足を踏み入れてしまった事実に直面するか、どちらかでなければならない。これ［意識の有無を行動から判定する］はたいへん実行困難なことかもしれず、現在の私たちの知識の状態では、何を探すべきか見当もつきにくい。しかし、もし意識が機能を持つと言うことが可能ならば、意識の存在によって動物は、何か検出可能な区別されるものとなっていなければならない。

いまのところ、以上二つの見方を判別する決定的な方法はないが、積み重ねられてきた証拠が示唆するところでは、私たちの行為のうちあるものが意識的で、またあるものが無意識的であることは、決して偶然ではないようだ。バーナード・バーズ（Bernard Baars）は近著の『意識の認知理論（A Cognitive Theory of Consciousness）』のなかで、私たちの行為の大部分のものは、自分で何をしていると意識しなければもっとうまくできるという、驚くべきであるがよく考えるともっともな主張をしている。音楽の公開演奏を経験した人なら誰でも、その状況のストレスで「左手は次にどうやるんだっけ？」と意識させられるときの悲劇を知っている。演奏者がリラックスしているときには苦もなく演奏できる曲で、複雑だが熟知している楽句を指がすらすらと無意識に動いていくのに、意識した心がとって代わろうとしたとたん、それはミスタッチとコード打ち間違いの悪夢に陥る。よく知っていることや予測可能なものの処理にあたっては、無意識の処理機構の方が意識のある処理機構よりもはるかに優れている場合が多い。意識のある処理機構は、新しい状況や予測不可能なもの、あるいは新たに答えを出すのに何かをしなければならない状況への対処に優れている。まさに意識が助けになる事例と障害になる事例を区別同定できるという事実こそ、意識がある情況下では一定の機能をもつもので、たまたま同乗した「おまけ」にすぎないものではないことを示唆している。

だが意識が一定の機能的役割を持つものならば、いつの日か私たちに理解の望みがある行動に対しても、及ぼす効果を持っているはずだ。現在ではこれらの効果がどんなものか、はっきりした考えを私たちは持っていないが、効果が見つかりそうないくつかの強力な兆しはある。目新しさ、予測不能性、相手より一歩先んじようとすることなどは、私たちのうちに意識的出来事をひき起こすと思われる特徴である。これらはまた多くの動物の生活にとってたいへん重要な部分を占めている社会的相互作用の特質でもある。

動物がきわめて複雑な方法で互いに反応しあうことは、すでに繰り返し見てきた。過去に自分に給餌してくれた他のコウモリに給餌する吸血コウモリや、第4章終わりのチンパンジーのベラとロックの戦いから、私たちは彼らの生活がどれほど微妙で分析的でありうるかを見てきた。動物の思考についての議論を、一匹の動物が食物を得るのに専念していると思われ、また他方は彼から食物を守ろうと専念していると思われる時に何が起こったか、の話で終えたのは、まさに意図的にそうしたのだ。なぜなら知性の大きな源泉を要請したのは、まさしくこの社会的相互作用での軍拡競争だからである。ベラはロックに食物を取られたくないが、ロックはベラが食物を取りにいくとき通常どう行動するか知っていた。だからベラは食物が隠されている所へ行く意図がないとロックに思いこませるために、いつもと違うことをしなければならないと知っていた、というのが行なわれていたことの一つの解釈である。ベラにとって、ただ違うことをするだけでは十分ではなかった——自分が食物を掘り出そうとしていないとロックに思わせるために何かをしなければならなかった。ベラとロックが食物をめぐって演じてみせたある種の策略と対抗策を、バーンとホワイテンは「マキャベリ主義の知恵」と表現した。それは、現在の一連の状況のなかで敵がしそうなことへの知識だけでなく、状況が変わったとき相手がどうする〈可能性がある〉かという予想も要求しているだろう。〈相手〉がこんな特定のやり方で行動しそうだと〈こちら〉が考えたと〈相手〉が考えたとき、ではどうするかという具合に、さらに複雑さの段階が高まっていく時に答えを出すことも、そこには含まれてくるかもしれない。

一九七六年にケンブリッジ大学の心理学者であるニコラス・ハンフリー（Nicholas Humphrey）は「知性の社会的機能（The social function of intellect）」というたいへん影響力のある論文を発表した。そこで彼はまさにこれを論点としていた。彼の論ずるところでは、大部分の種にとって特に大きな知力を要求するのは自然界ではなくて社会的な世界である。人類の初期においてさえ食物や住まいを見つけることは、他人との集団の中で生き残ることに比べてむしろ単純な課題だった。集団のうちで誰が信用できるか、誰がごまかしそうかと答えを出す作業は、仲間は自分を信用するだろうか、仲間が信用できると自分が考えると仲間は何を持ち逃げできるだろうか、などの答えを求めようとしていくうちに、どんどん複雑な作業になっただろうという。

この社会的知性仮説（バーンとホワイテンはみごとに育成された歴史的寄与の感覚にもとづいて、同じ考えに貢献した多くの人々の順序に従って、これをチャンス＝ミード＝ジョリー＝クンマー＝ハンフリーの仮説と呼んだ）は、非常に重要で可能な意識の一つの機能を指摘している。相手の行動を予測したり巧みに操作したりできるほどに、自分を相手の立場に置いてみるには、たいへん特別な種類の知性が必要とされる。そしてこの知性には、「自分なら同じ状況でこうするだろう」という種類の意識の自覚が巨大な利益をもたらすだろうということを、社会的知性仮説は唱える。つまり意識の機能は、生物がそれを持てば、同盟者と敵対者全員がそれぞれに意識を駆使してこちらが何をするだろうかと答えを探る知性の対抗がかもしだす複雑さによって社会状況が常ならず変転を続けるなかで、どうやったらいいかという答えが「自分」に得られるところにあるわけだ。すでに見てきたように「信用」、「ごまかし」、「交換」などと表現される行動は人間だけの独占物ではない。ハンフリーその他の人々が、意識は高度な社会的賢さを示している動物においてもっと見いだされやすいだろうと論じている理由はここにある。

けれども社会的賢さは、構図の一部を「自己」が形成する唯一の事態ではなく、それが意識の存在により利益がもたらされる唯一の領域でもない。川にダムを築く〔ビーバー〕、魚をつかまえる、ほとんど近づきがたい場所から対象物を回収する〔小枝を巣にさしこんでシロアリを釣りだすチンパンジー〕など、社会的賢さ以外のあらゆる種類の課題でも、「自己」が何をしたかまたはする可能性があるかという知識と、それがその後の事態にどのような効果をもたらすかについての知識を要求しそうなものがある。ケンブリッジのフィリップ・ジョンソン＝レアード（Philip Johnson-Laird）は、脳とコンピュータ・プログラムとの比喩を引きながら、脳が実際上自己言及の指示に従っているときには、いつも意識が関係しているのではないだろうかと主張している――たとえば自分で投げた物体から自分の身体をよける場合などもその例である。彼の見るところ意識は、「自己」が指令者と対象者の両方であるときに用いられる超効果的なプログラム装置である。反対にグラスゴーのキース・オートリー（Keith Oatley）は、「心の過程を理解すればするほど、意識の求められる余地はますます少なくなるように思われる」ことに悩んで、意識にはさらにもっと根本的な使用法があると考えるべきではないか、それはたとえば私たちが心を変化させたり、生活環境の変化への調整を図ったりする時、脳による世界の解釈全体を再構築することなどではないかと信じている。世界観の激変にうまく対処するために私たちは意識を必要としていることになる。

これらの考えがどれもある程度にせよ真実性を持つならば、問わねばならない二種類の問題――つまり動物の身体についての問い（これについては私たちはいつか答えを見つける望みがもてる）と動物の心（これに答えを見つけることは決してないだろう）――があるのではないことになってくる。その反対に、動物の意識についての諸問題は、生物学の枠組みの中にしっかり組み込まれるべきものであり、それは酸素運搬分子の研究とか足の研究などと同じくらいに、生物学という主題の大きな一部分だからである。動物の意識についてのそうした疑問は特に答えるのが難しく、新しい思考方法を要求している。だが宇宙の起源や物質の性質についての疑問は物理学者に新しい思考法を要求する。それにもかかわらず、それらは伝統的なニュートン物理学のアプローチと同様に、やはり物理学の一部分である。生物学者も、新たな考えに適合するように、意識や脳の働き方についての考えを編成し直さなければならないかもしれない。

事実、哲学者のダニエル・デネット（Daniel Dennett）は、私たちが意識について考えるやり方は全体として根本的な大改革の必要があると論じ、意識についての見方を再考するなかで、これを科学的な説明の正当な対象と見なすべきであると信じている。『説明された意識（Consciousness Explained）』という断固とした表題の著作のなかで、彼は意識を単一の「流れ」とする考えや、それより広く受け入れられている見解だが、意識とは頭の中に住む人格（a person）が世界を展望してそれに意味を持たせようとする試みだという観点までも攻撃する（これは展望している人格とは誰なのか、その人格の頭の中では何が起こっているのか、以下無限に続く問題を引き起こすにすぎないからというので）。その代わりに彼は、意識を一種の創造的な甲論乙駁の場（a pandemonium）と見る。脳の多くの異なる部分がすべて同時にさまざまな仕事をし、出来事についてそれぞれ自己版の見解を提出する。そこには一つだけの正しい版はなく、「ここが穴場」という場所があるのでもない。たくさんの経路から絶えず投げ出される断片あるのみ。そこに中心となる単一の「私」があるという幻影は、その文字通りのもの——一つの錯覚（illusion）にすぎないという。この場で私はデネットの考えを評定しようとは思わない。ただ読者に彼の本を何冊か読むことをすすめる。それらの本はかなり刺激的であると同時にたいへん楽しませてくれるものである（気分はもう、いくぶん知的な枕投げ戦争！）。私が強調したいのは、意識を科学的に研究することによって意識から神秘を——畏敬の念をではないが——とり除くという考え方を、彼もまた強く支持していることだ。たとえそうするために、意識とは何かについての私たちの考えを、上下逆立ちさせなければならないにしてもである。デネットは、彼なればこそ、それを恐れない。

こうして意識という言葉によって私たちは何を意味しているのか、「それ」は何かと再考する準備ができれば、必ずしも意識は完全に科学の理解の外にあり、不可避的に他のすべての生物学的現象と違う種類のものだと考える必要がなくなるかもしれない。もし「それ」または「それら」が、私たちに確認できる機能をもっているならば、それまたはそれらは、正しく科学の一部として研究されるべきものである。実際それらがなくては、動物や人間の行動に対する理解は、まったく不完全なままに残されることになるだろう。動物のことはさておき、私たち人間自身についても意識の自覚から起こる問題に取り組むことがあまりにも困難に見えるという事実は、単に現在での無知、あるいはそれを記述する適切な手段をもたないことの反映かもしれない。しかし「いま分からない」は「決して分からないだろう」とは違う。ある人は、動物の自覚について今私たちが理解しているよりももっとずっと多くを理解するようになるのは時間の問題だというが、ますます多く知ることにも論理的な障壁があるという人もある。意識が動物の生活において重要で深刻な機能をもつとすれば、それは当然生物学に属していいものであり、生物学にそれを受け入れる準備が整ったとき、意識はそのあるべき場所を占めるだろう。

だがさしあたりは、本書で挙げてきた動物の複雑な心的過程（思考と感覚）の証拠を使って、動物の意識を探るなかで私たちがどこまできているのか、見ておくことにしよう。いくつかの動物が、動物自身の内的な心的世界を持っているという仮説を立てるといちばんよく説明されるやり方で行動し、少なくとも部分的には私たちと似たやり方で「思考する」ことによって、内的な心的世界を「外部の現実世界の」代理物として操作することを、これまでに見てきた。順序や数の概念も、人間の頭脳だけに限られていないようだ。裏の裏をかくことによって相手を出し抜くことや、各個体の信頼性をよく知って利用することも、人間に固有の技能ではない。またある動物が自分の置かれている状況にいろいろの配慮をはたらかせて、事情を一変させたり、別の場合にはひき延ばしとか反復をもたらすようにしていることも見てきた。ここでもやはり、私たちが何かを強く意識して「感じて」いる時これと似た状況の下でやることとの間に、並行性が認められる。しかし、人間以外の種のうち少なくとも一部のものがこうした点で人間と似ているゆえに、これらの動物は人間と同じように意識を自覚しているのだと信じなければならないことが、論理から強制されるわけではない。私たちはしつこく懐疑主義を守って、心の意識的状態をなんら伴わないでも、行動の類似は達成されると言うことができる。動物はすべてまったく無意識のままに数えたり覚えたり、新しい状況でどうすべきか案出するのかもしれない。そして、なんら真の意識的感覚のきらめきなしに、何かから逃れるためにもがいたり、悲鳴を上げたり、しゃにむに行動することもありうるだろう。論理からは、これはすべて完全に可能なことだと言えるが、しかしその論理は同時に、他の二つのことも言うことになる。第一に、同じ見方に立つならば、他の人間もまた意識がないかもしれないと私たちは認めなければならないだろう。第二に、行動には類似性があることと意識の自覚には類似性がないこと、この二つのことがなぜ共存するのかを主張するには、かえって何かかなり特別な弁明が必要になってくるだろう。

これの意味するところは、もし他人がある決定的なところで自分に似ているという根拠から、他の人間にも意識があると推認するために、類比からの主張を認めるとすれば、他の種が少なくとも一部の決定的な特徴で人間と似ているときに、その種は意識を持たないはずだと主張することは、非常に困難になるだろうということである。仲間の人間に意識があることに、私たちがかなり確信をもつ理由は、単に彼らの外見とか生活の仕方とか、さらに彼らの言葉が理解できることだけに限られるものでもない。共有の経験を持っていることをほぼ確信させるのは、とりわけ、彼らの複雑な行動の複合体と、知的な「思考」能力と、彼らに生じたことが彼らにとって〈重要である（問題である）〉という観点を彼らが私たちに示すことができる能力に、もとづいている。いま私たちは、これら三つの属性――複雑さと、思考と、世界について心にとどめること――が、他の動物にも存在していることを知っている。したがって、彼らが意識を自覚しているという結論もまた必至のものとなる。証拠のバランス（最も単純な仮説へ切り詰めるのにオッカムのかみそりを使用して）からは、動物は意識を自覚していることになり、それを否定するのは、はっきり非科学的であるように見える。

科学の分野の外にいる人にとっては、それを否定しようとしなくてはならないことさえ驚くべきことと思えるかもしれないが、しかしこの考えに対する懐疑主義や真っ向からの反対が科学の社会ではまだ普通である。ドナルド・グリフィンは『動物に心はあるか（The Question of Animal Awareness）』や『動物の心（Animal Minds）』などの本を通じて、科学者に動物の意識の問題を真剣に取り上げさせるのにおそらくもっとも尽力した人だが、動物の意識の研究という考え全体に対して行動主義の科学者から依然として反論に出会うという。行動主義者はしばしば、動物の意識の問題を根拠のない空論と見る、もしくはさらに悪いことに信頼のおける科学者が取り組むべきでないタブーの課題として見なしていることに、彼は気づいている。こうした態度は、何が「真正の」科学かということについての根深い信念からくるもののようだ。

二十世紀初頭にアメリカの心理学者ジョン・ワトソン（John Watson）は、その当時行なわれていた心理学の事実上すべてに対して、きわめて大きい影響を及ぼした批判を発表した。フロイト流の分析から主観的感覚の研究まで、ほとんどすべてには価値がない、なぜならそれらは主観的で実証不能の心的状態（思考や情緒）にかかわっており、それゆえ科学的探求の正当な部門とすることはできないと彼は主張した。科学への参入を許されるべきだと彼が考えた唯一の事項は、すべての人が見たり測定したりできる行動あるいは生理学的なできごとである。心の中で行なわれていることは、たとえ他の人間の心の中であっても、個人的なもので測定不能である。それゆえ科学者を名乗るものにふさわしい研究課題ではないという。

ワトソンの唱えた信条は行動主義の名で知られるようになり、一九七〇年代まで人間と動物の両方の行動について、多くの科学者の考え方をしっかり捉え続けていた。動物の心の中で行なわれていることの研究はこれまで構図から除外されてきたので「考えること」や「数えること」（これらはすでに見てきたように外から観測できる結果を生むのだが）さえも、本当に「正当な」科学ではないと見られた。その後になって検証可能性、つまり科学的と見なされるものについて、人々の考えはかなり変わってきたので、思考や感覚が科学文献の中に自分の居場所を見つけることはできるようになった。しかし意識はまだ、多くの人々にとって科学的尊重の柵の向こうにあるものであり、それを生物学的現象と考えたがらない古い考えは依然として残っている。多くの科学者がそれを認める手前で、動物の意識についてさらに明確な証拠を要求するか、さもなければすでに議論してきた「私たちは決して知ることができない」という主張へ逃げ込んでしまう。ある意味でこの懐疑主義は貴重である。動物の心的能力の研究はとりわけ過剰解釈の影響を受けやすいことを、これまで繰り返し見てきた。

仕事仲間である動物へのいつくしみや科学者と動物の間に交わされる親密なコミュニケーション、一般的な人間のだまされやすさ（手品師はこれをうまく利用する）は、動物が関係しているところで暴走を起こし、実際以上に動物を賢明に見せる傾向に拍車をかける。そのような状況では批判とか、まず第一にもっと単純な説明にこだわることは、非建設的どころかむしろ現実には建設的な手順である。しかし、単純で「興ざめな」説明を選択肢から排除できる方法で実験が行なわれ、なかには少なくとも痕跡的な仕方で思考している動物もいること、彼らにとって重要なことに対しては相応の喜びや悲しみを経験することを、いかにもありそうなことと考えさせる研究が、堅固な核としてあとに残ってくるならば、内面の意識の自覚が見えるしるしとして外側に表われているという可能性を考慮〈しない〉ことが、はっきり非科学的に見えてくる。そうなると科学的証拠も常識も、人間以外の種に意識があると推定する一歩を踏み出すことを求めてくることになる。

一歩を踏み出したとしてみよう。これは、この惑星上の他の種を見る方法にとってどんな含みをもつだろうか。革命的になるかもしれない二つの道がある。どこから始めるかにもよるが、第一にそれは動物をどう扱うべきかについて、人々の態度を激変させるにちがいない。もし食料にしたり狩りの獲物にしたり、有害生物として根絶しようとしたり、ペットとして飼っている相手が、以前に考えていたよりももっと「私たちに似て」いるならば、ひろく動物福祉の名のもとに要約されている問題について、私たちは信じているところを改定したくなるかもしれない。しかし他方、改定などしたくないかもしれない。私は自分の仕事が、人々が何をすべきか決定するとき、どう行動すべきか説くことにあると思ったことは一度もない。ただ私は充分な情報を人々に提供して、彼らがどうすべきか自分で決定するとき、現実世界の不正確な像でなしに、正しい事実情報がその基礎となるように、充分な情報を提供するのが役目だと思っている。誰も他の動物に害を及ぼしてはならないとか、動物も苦痛を感じる能力があるという点を意志決定の基礎とすべきだという指示を、この本の結びとするつもりもない。人々が道徳的決定を下す方法は私にとってしばしば謎めいているが、ほとんどすべての人は道徳心のどこかで、意識のある存在は意識の跡形もない物体と重要な違いがあると見ているのだろうと思う。それゆえ、たぶん私は、人間でない動物においても心的過程の複雑さの証拠を示し、意識が存在する強力な可能性を示すことによって、人々が動物に対して取るべき態度にいささかの変化をもたらしたかったのかもしれないと思う。ただし、それがどのような変化であるべきか明言する道は選ばなかった。ことによると私がしたことは、〈どの〉動物が配慮されるべきかなどの新たな一連の疑問を引き起こしたかもしれない。意識があるということでチンパンジーと賢いオウムだけを候補にするのか、それとも残りの他の動物も全部考えねばならないのだろうか？　広大な動物界の中で、自分のしていることを自覚しているもの、いないものの境界線をどこかに引いて、分けることができるだろうか。

大切なのはこれらの疑問には答えがあり、それらの答えは動物に関する経験的な研究からいずれ見いだされると私が信じていることだ。他の生物の扱いを決定するにあたって、その生物がどのくらい知的であるか知ることがもし重要と考えるなら、あなたの倫理コードに照らしてどの動物が賢いのか見いだす必要があるだろう。また他方、ある動物が恐怖や痛みや不満を「感覚」しうるかどうか知ることがいっそう重要とあなたが信じているならば、それに関してはまた別の一組の事実に基づいた情報を必要とするだろう。どちらにしても、答えはその動物に関する生物学の研究から得られるだろう。科学はまだその答えを知らないかもしれないが、しかしいつか答えが与えられるだろう。

動物の能力についてのこれらの発見がどんな倫理的な含みもつか、さらに知りたい人々のために、役立ちそうな本を巻末に多数挙げておいた。道徳的意思決定の領域は本書の範囲を越えているが、これらの本はそうした範囲に読者を導いてくれるものであり、私としてはいわば入口のところで引き取って、あとは読者に任せるが、行きたい先のヒントを与えたことになっていればいいと思う。

動物に意識を認めるさいの第二の含意は、動物について、特にその行動について、妥当な生物学的説明として受け入れていたものが完全に一変する可能性もあるということだ。もし意識が生物学的な現象であり、なにかの点で動物が生きていくのにそれがより有効なので進化してきたものならば、意識を置き去りにした説明は、いずれも何か非常に大切なものを欠落させているにちがいない。動物行動の研究の多くの分野が、根本から改められなければならないかもしれない。たとえば、もし動物が互いにコミュニケーションしたいことがらについて思考しているとすれば、動物のコミュニケーション研究はこの点を考慮に入れるように改められなければならないだろう。もし動物が互いに、意図と関係性をもつ社会的個体として相手を認知しあっているなら、おそらく社会組織の研究もまた変更しなければならないだろう。そしてもし意志決定が、もっとも快適で苦痛が最小である進み方についての主観的な情緒によって、一部分支配されているならば、これもまた「動機づけ」の説明として受け入れられるものの一部とならなければならないだろう。

ある程度までは、これらの変化はすでに始まっており、たまたま人間ではない生物について人々の考え方が、動物行動の研究によって変化していくにつれて、さらに顕著になっていくだろう。すでに動物の意識の研究は、わずか二十年前と比べてもずいぶん受け入れられるようになっており、いまでは動物の心に起こっていることが少しは分かるようになり、将来さらに多くのことが学ばれるのも間違いない。動物の意識へのこの旅をさらに進めて、しかも科学的なものでありうるのだと本書が明らかにできたことを、望んでいる。それは紛れもなく生物学全体の中でもっとも心を躍らせる企てに着手することである。課題はきわめて困難であり、目的地はまだ謎に包まれているので、私たちは注意と警戒をもって進まなくてはならない。それでもともかく進んでいこうではないか。

関連文献

第1章　人間の色眼鏡?

動物の意識

J. H. Crook (1983) On attributing consciousness to animals. *Nature 303*, 11-14.

D. R. Griffin (1981) *The Question of Animal Awareness*. New York : Rockefeller University Press.

D. R. Griffin (1992) *Animal Minds*. Chicago : University of Chicago Press.

S. Walker (1983) *Animal Thought*. London : Routledge and Kegan Paul.

苦　痛

P. Bateson (1991) Assessment of pain in animals. *Animal Behaviour 42*, 827-40.

H. Rachlin (1985) Pain and behavior. *Behavioral and Brain Sciences 8*, 43-83.

D. M. Morton and P. H. M. Griffiths (1985) Guidelines on the recognition of pain, distress and discomfort in experimental animals and an hypothesis for assessment. *The Veterinary Record*

116, 431-6.

第2章　ミス・ハルシーは足をよける

ダチョウの卵の識別

B. Bertram (1979) Ostriches recognize their gees and discard others. *Nature 279*, 233-4.

サヴァンナモンキー

D. L. Cheney and R. M. Seyfarth (1982) How vervet monkeys perceive their grunts. *Animal Behaviour 30*, 739-51.

D. l. Cheney and R. M. Seyfarth (1990) *How Monkeys See the World.* Chicago : University of Chicago Press.

雄アカシカと闘争能力の査定

T. H. Clutton-Brock and S. D. Albon (1979) The roaring of red deer and the evolution of honest advertisement. .*Behaviour 69*, 145-70.

雌クロライチョウの雄の鑑定

R. V. Alatalo, J. Högland and A. Lundberg (1991) Lekking in the black grouse――a test of male viability. *Nature 352*, 155-6.

ノドジロシトドの他者理解

R. J. Brooks and J. B. Falls (1975) Individual recognition by song in white-throated sparrows. I. Discrimination of songs of neighbors and strangers. *Canadian Journal of Zoology 53*, 879-89.

J. B. Falls and R. J. Brooks (1975) Individual recognition by song in white-throated sparrows. II. Effects of location. *Canadian Journal of Zoology 53*, 1412-20.

鳥たちの餌貯蔵

D. F.Sherry (1982) Food storage, memory and marsh tits. *Animal Behaviour 30*, 631-3.

D. F. Sherry (1984) Food storage by black-capped chickadees : memory for the location and content of caches. *Animal Behaviour 32*, 451-64.

S. J. Shettleworth and J. R. Krebs (1986) Stored and encountered seeds : a comparison of two spatial memory tasks. *Journal of Experimental Psychology : Animal Behavior Processes 12*, 248-56.

ラットの危険な餌の避け方

N. W. Bond (1984) The poisoned partner effect in rats : some parametric considerations. *Animal Learning and Behavior 12*, 89-96.

C. Brunton, D. W. Macdonald and A. P. Buckle (in press) Behavioural resistance towards poison baits in brown rats *Rattus norvegicus. Applied Animal Behaviour Science.*

B. G. Galef, Jr and M. M. Clark (1971) Social factors in the poison avoidance and feeding behaviour of wild and domesticated rat pups. *Journal of Comparative and Physiological Pyschology 75*, 241-357.

B. G. Galef, Jr (1986) Social identification of toxic diets by Norway rats (*Rattus norvegicus*). *Journal of Comparative and Physiological Psychology 100*, 331-4.

B. G. Galef, Jr (1991) Information centre of Norway rats : sites for information exchange and information parasitism. *Animal Behaviour 41*, 295-301.

イエスズメの意思決定

M. A. Elgar (1986a) The establishment of foraging flocks in house sparrows : risk of predation and daily temperature. *Behavioural Ecology and Sociogiology 19*, 433-8.

M. A. Elgar (1986b) House sparrows establish foraging flocks by giving chirrup calls if the resources are divisible. *Animal Behaviour 34*, 169-74.

吸血コウモリの給餌

G. S. Wilkinson (1984) Reciprocal food-sharing in the vampire bat. *Nature 308*, 181-4.

第3章　ハチにもできる

賢馬ハンスの物語

R. Boakes (1984) *From Darwin to Behaviourism : Psychology and the Minds of Animal*s. Cambridge : Cambridge University Press.

シマウマとハイエナ

H. Kruuk (1972) *The Spotted Hyena : A Study of Predation and Social Behaviour*. Chicago : University of Chicago Press.

チンパンジーと言葉

B. T. Gardner and R. A. Gardner (1969) Teaching language to a chimpanzee. *Science 165*, 664-72.

B. T. Gardner and R. A. Gardner (1975) Early signs of language in child and chimpanzee. *Science 187*, 752-3.

A. Premack (1976) *Why Chimps Can't Read*. New York : Harper and Row.

D. Premack (1971) Language in a chimpanzee. *Science 171*, 808-22.

D. Premack (1976) *Intelligence in Ape and Man*. Hillsdale, New Jersey : Lawtrence Erlbaum.

D. Premack, G. Woodruff and K.Kennel (1978) Paper-marking test for chimpanzee : simple control for social cues. *Science 202*, 903-5.

H. S. Terrace (1979) *Nim*. New York : Alfred A. Knopf.

J. Umiker-Sebeok and T. A. Sebeok (eds) (1980) *Speaking of Apes : A Critical Anthology to Two-way Communication with Man*. New York : Plenum Press.

ミツバチのダンス

K. von Frisch (1967) *The Dance Language and Orientation of Bees*. Cambridge, Mass : Harvard University Press.

M. Lindauer (1971) *Communication among Social Bees*. Cambridge, Mass. : Harvard University Press.

T. Seleley (1977) Measurement of nest cavity volume by the honey beer (*Apis mellifera*). *Behavioural Ecology and Sociobiology 2*, 201-7.

第4章　そのさきを考える

ハトの外挿実験

J. J. Neiworth and M. E. Rilling (1987) A method for studying imagery in animals. *Jouranl of Experimental Psychology : Animal Behavior Processes 13*, 203-14.

H. S. Terrace (1986) Positive transfer from sequence production to sequence discrimination in a nonverbal organism. *Journal of Experimental Psychology : Animal Behavior Processes 12*, 215-34.

数を数える動物

H. Davis and S. A. Bradford (1986) Counting behavior by rats in a simulated natural environment. *Ethology 73*, 265-80.

H. Davis and R. Perusse (1988) Numerical competence in animals : definitional issues, ccurrent evidence and a new research agenda. *Behavioral and Brain Sciences 11*, 561-615.

I. Pepperberg (1987) Evidence for conceptual quantitative abilities in the African grey parot : labelling of cardinal sets. *Ethology 75*, 37-61.

サヴァンナモンキーと信号

D. L. Cheney and R. M. Seyfarth (1988) Assessment of meaning and the detection of unreliable signals by vervet monkeys. *Animal Behaviour 36*, 477-86.

ヒヒとチンパンジーの社会的賢さ

R. W. Byrne and A. Whiten (1988) *Machiavellian Intelligence : Social Expertise and the Evolution of Intellect in Monkeys, Apes and Humans*. Oxford : Clarendon Press. 特に第15章 : R. W. Byrne and A. Whiten : Tacticaldeception of familiar individuals in baboons', および第16章 : A. Whiten and R. W. Byrne 'The manipulation of attention in primate tactical deception'.

H. Kummer (1982) Social knowleldge in free-ranging primates. In *Animal Mind-Human Mind* (ed. D. R. Griffin) 113-20. Berlin, Heidelberg and New York : Springer-Verlag.

E. W. Menzel (1974) A Group of young chimpanzees in a 1-acre field : leadership and communicaiton. In *Behavior of Non-human Primates* (ed. A. M. Schrier and F. Stollnitz, Vol. 5, pp. 83-153. New York : Academic Press. (Reprinted in *Machiavellian Intelligence*, pp. 155-9.)

第5章　人間のように感じるとは

動物の損得行動

G. S. Losey and L. Margules (1974) Cleaning symbiosis provides a positive reinforcer for fish. *Science 184*, 179-80.

A. P. Silverman (1978) Rodents' defence against cigarette smoke. *Animal Behaviour 26*, 1279-81.

バタリー・ケージのニワトリの行動

F. W. R. Brambell (1965) Chairman. Report of the Technical Committee to Enquire into the Welfare of Animals kept under Intensive Livestock Husbandry System. Cmnd 2836. London : HMSO.

N. Bubier (1990) Behavioural priorities in laying hens. D. Phil. thesis, University of Oxford.

B. O. Hughes and A. J. Black (1973) The preference of domestic hens for different types of battery cage floor. *British Poultry Science 14*, 615-19.

働くブタ

L. Matthews and J. Ladewig (1987) Stimulus requirements of housed pigs assessed by behavioural demand functions. *Applied Animal Behaviour Science 17*, 369 (abstract).

ベッタ

J. A. Hogan, S. Kleist and C. S. L. Hutchings (1970) Display and food as reinforcers in the Siamese fighting fish (*Betta splendens*). *Journal of Comparative and Physiological Psychology 70*, 351-7.

情緒、感情、行動

M. Cabanac (1979) Sensory pleasure. *Quarterly Review of Biology 54*, 1-29.

M. Cabanac and K. G. Johnson (1983) Analysis of a conflict between palatalbility and cold exposure in rats. *Physiology and Behavior 31*, 249-53.

K. Oatley (1989) The importance of being emotional. *New Scientist*, 19 August, 33-6.

第6章　証拠のバランスをとる

意識についての議論

J. Baars (1988) *A Cognitive Theory of Consciousness*. New York and Cambridge : Cambridge University Press.

P. S. Churchland (1986) *Neurophilosophy* : *Towards a Unified Science of the Mind / Brain*. Cambridge, Mass. : MIT Press.

D. Dennett (1991) *Consciousness Explained*. Boston : Little, Brown.

D. R. Griffin (1976) *The Question of Animal Awareness*. New York : Rockefeller University Press.

N. Humphrey (1983) *Consciousness Regained*. Oxford : Oxford University Press.

M. Lockwood (1989) *Mind, Brain and the Quantum* : *The Compound Eye*. Oxford : Basil Blackwell.

A. J. Marcel and E. Bisiach (eds) (1988) *Consciousness in Contemporary Science*. Oxfor : Clarendon Press. 特に役立つ論稿として : A. Allport 'What concept of consciousness?' (pp. 159-182) ; K. Oatley 'On changing one's mind : a possible function of consciousness' (pp. 369-389) ; and P. N. Johnson-Laird 'A computational analysis of consciousness' (pp. 357-368).

T. Natsoulas (1978) Consciousness. *American Psychologist 33*, 906-14.

R. Penrose (1989) *The Emperor's New Mind*. Oxford : Oxford University Press.

動物福祉

M. Bekoff and D. Jamieson (1991) Reflective ethology, applied philosophy, and the moral status of animals. In *Perspectives in Ethology* Vol. 9 (eds. P. P. G. Bateson and P.H. Klopfer), pp. 1-47. New York and London : Plenum Press.

J. W. Driscoll and P. Bateson (1988) Animals in behavioural research. *Animal Behaviour 36*, 1569-74.

G. G. Gallup and J. W. Beckstead (1988) Attitudes toward animal research. *American Psychologist 43*, 474-6.

M. Midgley (1983) *Animals and Why They Matter.* London : Penguin Books.

T. Regan (1983) *The Case for Animal Rights.* Berkeley : University of Californian Press.

P. Singer (1975 ; revised 1990) *Animal Liberation : A New Ethics for our Treatment of Animals.* New York : Avon.

行動主義と動物行動の研究

R. Boakes (1984) *From Darwin to Behaviourism : Psychology and the Minds of Animals.* Cambridge : Cambridge University Press.

H. Gardner (1985) *The Mind's New Science : A History of the Cognitive Revolution.* New York : Basic Books.

小論ふうの訳者あとがき

著者マリアン・ドーキンズは、動物に心の存在を安易に認めるか、絶対に認めないかという二つの立場にはどちらも難点があると指摘することから、筆を起こしている。二つの岩の間に開けた狭い水路を難破せずに漕ぎ抜けると、その向こうにどんなに広い展望が開けているのだろうか。そのような期待が学問的にも腑に落ちるものであることを、読者に納得してもらうための長い一連の議論。これが、本書であると言えるだろう。

進化論の立場からすれば、人間と動物は当然連続していた。姿かたちからして人間そっくりのチンパンジーに「心」を全然認めないためには、素直な印象を抑えつける無理な努力が必要である。ダーウィンの『人間と動物の表情』（一八七二年）も、連続性を当然のように前提としていた。しかし連続性へのこだわりは、ダーウィンから二〇世紀初頭にかけて次第に拡張されて、行き過ぎをもたらした。賢馬ハンス（本書第3章）はその象徴だった。

石川千代松は明治から昭和初期にかけて、生物学普及の書き手としてもっとも目立つ一人だった。彼は『アメーバから人間まで』（初版・大正十二［一九二三］年）で、ハンスの偉業を全面肯定している上に、さらに踏み込んだいくつもの戯画化を紹介している。一端を以下に引用する。普及書だから通俗的に書いてあるが、それは表現上のことで、石川（ということは、彼が紹介の種本とした当時の西欧の一部の動物心理学者）が「学問的」立場としても、動物の心と知能を無批判に買いかぶっていたことは間違いないだろう。

さて動物の所作は前にも云ふた様に総てが皆本能であって、人間のする事計《ばか》りが知能であるか。これが又面白い問題である。……今日の研究とでも云ふものは千八百九十年にフォン、オステンが始めたので、之れは馬に数字だのABCを教へたのだが、……之れが利口なハンスと呼ばれて、暫くの間は有名なものであった。……中には山師的の人もあったりした為め一時は之を疑ふものも出て来たので、それが真の事実であるや否やが学者の中にも大きな疑問となったが、其後カアル、クラークと云ふ人が出て、色々と試験をして、自分が教へたムハミットとツアリフの二馬はハンス以上に色々の事が判ったり又数字も余程好く出来る事を知ったので一千九百十二年に『思慮ある馬』と云ふ一書を著した。…ムハメット（馬の名）に向かって何か欲しいものがあるなら云ふて見ろと云ふた時に ig m habn（私はニンジンが欲しい［ich Möhren haben］）と答へたので、それを与へた後口で夫《それ》を如何にするか知って居るかと問ふた処 ig m sn と答へた、これは ich mohren essen で私はニンジンを食ふと云ふ事である。……

角砂糖を見せて質問したときには、これは甘くて四角いと答えた。石川が特に「此《この》四角が殊に面白いのは、之は抽象的の事であるからである」と注釈しているのはもっともである。別の研究者が調べた犬はさらに進んでいた。「小児の絵を見せた時、可愛らしい子供だと云ひ、又子供の靴の絵を見て、此靴は幾等《いくら》するかと云ふた」（この犬は貨幣経済の原理も理解していたらしい！）。絵を見せて知能テストをしたときは満足な成果が得られなかったらしい。あまりしつこく調べられたので、かんしゃくを起こしたのだ。「『チーグレルの処で沢山の絵を見せられて、又夫れが何であるかと問はれた。最早や沢山だ、何も答へない。茲に居る人達は糞でも喰らへ』と云ふ様な事で、犬はそれを云ふてからズンズン向ふへ行って仕舞ったとの事である。」

こうした例が、当時でも動物心理学の主流だったとは思わない。しかし動物に「心」を認めると、このようなナンセンスと結局地続きになってしまうという警戒感は、心を峻拒する行動主義心理学の進撃にとって、絶好の援護射撃であったことだろう。要するに行動主義心理学は、擬人主義の非科学性へと逸脱しないためのガードマンという役柄を、いつも自己の存在理由として強く主張することができたのだ。強い主張の繰り返しはやがて極端に走っていく。チンパンジーに対してすらも、人間でないというだけの理由から「心」を一切認めないためには、素直な直観にとって相当の無理強いをしなければならないだろうということは、最初にも言った。

しかし二つの極端の中間の立場が、たんにその中庸性のゆえに正しいとするのは、社会生活では無難な心がけだとしても、科学としては安易すぎるだろう。正しさは、しっかりした方法論によって保証されるものでなくてはならない。近年の動物心理学と認知行動学（cognitive ethology）から実例を選んで、いわば肉づけした方法論を語っていく方針を、著者は選んだ。各章ごとに一歩ずつ、彼女がどんなに用心深く足を踏みだしていることか。主張のトーンが最初から最後の章まで、高まっていく速度はけっして速くない。むしろ徐行安全運転である。しかし事例の数をいたずらに増やすのでなく、精選した限られた実例によって、学問的でもあるとともに興味ある物語として読者を引っ張っていくエンターテイメントの手腕は、見事である。訳書がこの楽しさを損なわずに伝えていればいいと思う。決して入り込めない他者の皮膚の下に「認識する心」があることをどうやって科学的に認識するか。その見分けかたを工夫する上では、「他者」というのが他の人間であっても、別種の動物であっても本質的に同じことなのだ。楽しんだ読書の結果として読者がそのように得心されれば、本書の狙いは達成されているだろう。

本書第4章には、利口なヨウム（オウム）であるアレックスが実験協力に嫌気がさし、「私 あっちいく」とつぶやきながらビデオ画面から去ることが記されている。これは悪態をつきながら「ズンズン向こうへ行ってしまった」チーグレルの犬の行動を連想させて、苦笑をさそう。しかし両者の間には半世紀以上の動物研究の進歩があった。ドーキンズがアレックスの行動によって「控え目にいっても混乱させられ」たとしても、それは世紀初期に、同じくらい利口だが口のわるい犬が研究者を驚嘆させた受け取られ方と、決して混同してはならないだろう。ところが動物に「心」を認める立場に対して浴びせられる行動主義からの批判攻撃は、現在でもしばしばこの混同にもとづいているように見える。このことを最後に付言しておきたい。

著者マリアン・S・ドーキンズはオックスフォード大学で動物行動学の研究と教育に当たっている。一九七一年に学位を得た仕事は大先輩ニコ・ティンバーゲンとの共同研究だった。『動物の苦患——動物福祉の科学』（一九八〇）、『動物行動入門』（一九九二）などの著作がある。愛護を論じた一九八〇年の本もあり、研究と著作の両面で活発に仕事を展開している。動物愛護を論じた本は、これまでの主著の一つだが、本書の結論からも、単に動物が可愛い、かわいそうというのでなく、科学の立場として、ある愛護の立場が示唆されている（第6章）。著者は、利己的遺伝子で有名なリチャード・ドーキンズ夫人であるが（「であったが」と書くべきだと示唆してくれた人があったが、真偽は知らず、ゴシップに深入りするつもりはない）、生命へのアプローチでは、対照的ともいえる違いが鮮明である。

本書（Marian Dawkins : Throgh Our Eyes Only ?――The Search for Animal Consciousness, W. H. Freeman & Co., 1993）の翻訳は、篠田真理子、野村尚子、松本京子がまず分担して行ない、長野が全体の統一と調整にあたった。用語のうち悩ませられた一つは“emotion”だった。「感情（feeling）と対置すれば「情動」となるが、もっと日常的な語感ともつながっている。結局大部分は emotion＝情緒とし、それでも不自然なときは一部分感情とした。動物名では、内田亨監修『谷津・内田動物分類名辞典』（中山書店）、白井祥平編著『世界鳥類名検索辞典』（原書房）、今泉吉典監修『世界哺乳類和名辞典』（平凡社）が、とりわけ頼りになる相談相手だった。

本書が献呈されているグリフィン（Donald Griffin）は、コウモリの超音波探知《エコロケーション》行動の研究で重要な成果を挙げたのち、動物の心をめぐる現代の研究動向で先導者の役割を果たしてきたし、いまも果たしつつある人で、彼の近年の著書“Animal Minds”（1992）の訳書は、近いうちに同じく青土社から刊行の予定である。併せて読んでいただければと、前宣伝を述べておく。

一九九五年三月

長野　敬

新装版あとがき

ジョン・ワトソンの行動主義は「一九七〇年代まで人間と動物の両方の行動について、多くの科学者の考え方を捉え続けていた」（本書、二三九ページ）。「動物の心」という発想が研究者の間で市民権を得てきたのは、だいたい一九八〇年代になってからなのだ。権利の定着に尽力した第一人者としてグリフィンの名前を、ドーキンズは挙げているが、彼女自身も活動や影響力においてそれに劣らないものがあるだろう。

この『動物たちの心の世界』の原著刊行は一九九三年だった。この本の訳出以後、グリフィンの大著『動物の心（Donald Griffin : Animal Minds, 1992）』や、ロジャーズの『意識する動物たち（Lesley Rogers : Minds of Their Own, 1997）』の紹介も訳者たちは行ってきた（ともに青土社刊行）。そこで活躍する有名なオウムについては、ペパーバーグによる総括的な『アレックス・スタディ』が出ている（渡辺茂ほか訳、二〇〇三年、共立出版）。チンパンジーなどを相手とした研究を紹介する解説書も数多く刊行されてきた。

急速に進んでゆく流れのなかでも、ドーキンズのこの本には、展開にとり残されずに評価され続ける性格があると思う。その時々の研究事実の前線というよりも、むしろ研究の基本態度ということに、本書が一貫してこだわっているからである。「懐疑主義」を彼女は重視する。「動物の心的能力の研究はとりわけ過剰解釈の影響を受けやすい」ので（二三九ページ）、それへの防波堤として、腰の引けたように見えるこの姿勢が大切なのだ。

「心」といちがいに言っても学習と記憶、推理、自己意識、他者の認識（他者の内部に意識があることを意識する）など、さまざまの側面があるが、本書では特に「意識」が問題の中心にある。進化が意識をもたらしたとすれば、意識によって「検出可能ななんらかの差」が動物に生ずることで、はじめて進化の働きかけが可能になったはずだと彼女は指摘し（二四ページ）、研究にあたっても、こうした検出可能なものが手がかりになるべきだという（第六章など）。

ドーキンズはもちろん、行動主義の呪縛からの解放を主張するが、手がかりの重視という姿勢では行動主義と真っ向から対峙するのでなく、相通ずるものもあると感じられる。行動主義をなるほどと思う読者であれば、本書で展開される議論についても、同程度以上に、なるほどと思われるのではないかと期待する。

前回の訳者あとがきで、著者は利己的遺伝子のリチャード・ドーキンズの夫人「であった」と書くべきだろうかと一言触れた。リチャードの方の二〇〇三年ころ公開されている経歴によれば、彼は「一九六七年に著述家マリアン・スタンプと結婚、一九八四年に離婚。一九八四年にイーヴ・バーラムと結婚（離婚）。一九九二年に女優ララ・ウォードと結婚」ということになる。前回と同様に、ゴシップに深入りするつもりはないと言い訳を添えつつ、情報を追加しておく。

二〇〇五年四月　　　　長野　敬

索　引

人名索引

サ 行

タ 行

ナ 行

ハ 行

マ 行

ラ　行

ワ　行

動物たちの心の世界（新装版）

2005年５月20日　第１刷発行
2014年２月25日　第２刷発行

著者――マリアン・Ｓ・ドーキンズ
訳者――長野敬　他

発行者――清水一人
発行所――青土社
東京都千代田区神田神保町1-29　市瀬ビル　〒101-0051
（電話）03-3291-9831〔編集〕、03-3294-7829〔営業〕
（振替）00190-7-192955
印刷所――ディグ
表紙印刷――方英社
製本所――小泉製本

装幀――高麗隆彦

ISBN4-7917-6180-4　　Printed in Japan